U0286471

·中国房地产业协会 · 日中建筑住宅产业协议会 · 中国百年住宅产业联盟 · 中国建设科技集团 · 中国建筑标准设计研究院·

百年住宅

Longlife Sustainable Housing

面向未来的中国住宅绿色可持续建设研究与实践

Green Sustainable Construction of China's Housing for Future

刘东卫 编著

中国建筑工业出版社

图书在版编目（CIP）数据

百年住宅：面向未来的中国住宅绿色可持续建设研究与实践 /
刘东卫 编著 .—北京：中国建筑工业出版社，2018.6（2023.7 重印）
ISBN 978-7-112-22192-9

Ⅰ.①百… Ⅱ.①刘… Ⅲ.①住宅—生态建筑—建筑设计—
研究—中国 Ⅳ.① TU241

中国版本图书馆 CIP 数据核字（2018）第 096693 号

责任编辑：张　　建
责任校对：焦　　乐　　姜小莲

百年住宅

面向未来的中国住宅绿色可持续建设研究与实践

刘东卫　编著

*

中国建筑工业出版社出版、发行（北京海淀三里河路 9 号）

各地新华书店、建筑书店经销

北京中科印刷有限公司印刷

*

开本：889×1194 毫米　1/20　印张：11⅕　字数：320 千字
2018 年 7 月第一版　2023 年 7 月第二次印刷
定价：**128.00** 元
ISBN 978-7-112-22192-9
　　　（32066）

版权所有　翻印必究

如有印装质量问题，可寄本社退换

（邮政编码 100037）

序：百年住宅 人居未来

Foreword：Longlife Sustainable Housing for Future Residence

窦以德

原中国建筑学会副理事长兼秘书长

原住建部勘察设计司副司长

中国百年住宅建设专家委员会主任

住宅一直以来都是建筑中最贴近人类生活的特定形态与产品，它不仅承载着人们的生活，更体现了人们的追求。当前，中国的社会发展已进入全面建设小康社会，可持续发展新时代的关键历史阶段，如何把中国百姓的住房建得更舒适、更耐久、更绿色，如何推动我国住宅建设产业现代化，跟上国家整体发展的步伐，已然成为摆在全体住宅建设工作者面前的重大课题与历史使命。长期以来我国的建设方式粗放落后、产业化水平低，传统住宅建造生产方式暴露出资源浪费大、建筑寿命短、产品质量差和运维难度大等问题，迫切要求房地产业由过去"资金投入、土地增值、规模扩张"的粗放式发展模式，向依靠科技进步、资源集约利用、管理和服务创新的发展方向转变。总结和借鉴国内外发展经验、以新理念新模式在全国住房建设中推行高质量的百年住宅建设迫在眉睫。

近年来，本人有幸参与了中日合作中国百年住宅建设的一些工作，耳闻目睹，亲历实践，对这一工作的重要意义体会更深。为推进这项工作，从政府部门到中国房地产业协会，从中国建筑标准设计研究院到试点项目的各个建设单位都作出了艰苦努力与重大贡献。历经 6 年实践，如今已逐步形成中国百年住宅的技术体系标准并建设了一批工程建设的试点项目。从理论到实践，百年住宅项目的伟大工程就如同一座大厦，已然从中国大地上冉冉升起。

千里之行始于足下，万丈高楼起于基台。为了把百年住宅项目这一工程建得更加牢靠，回顾已经走过的路，今后长久的时期还需在以下几个方面做更深入扎实的工作，以把这一历史工程的基础打得更加牢固。

首先，需要从顶层设计方面考虑，切实提高全社会对百年住宅项目的正确认识与准确把握，使建设百年住宅成为全社会的共识与行动。当下，大量建造的城镇住宅无论是设计理念还是建设模式，都与国际潮流发展趋势和现代化建设发展要求存在许多相左、相悖的问题。百年住宅项目与一般住宅的最根本差别，就是强调要实现建筑主体物理性能与建筑使用功能的长寿化。前者即为业界所熟悉的建筑耐久年限。为实现建筑的百年寿命，就要在保证质量的前提下，从主体结构的耐久性与结构强度两方面以百年为目标加以提升。从现已实践的试点工程项目来看，其投入既可控，又可行。而实现建筑使用功能的长寿化则还未被广泛认知；尽管近年来在市场上已出现商住功能转换等社会需求，但主动去实现与应对建筑的功能变化，提升建筑功能的灵活可变性还未提上日程。如今，面对我国社会生活与人口结构的迅速变化，如此巨量的住宅如果其功能没有可变性，那么在未来几十年，乃至上百年的发展中，住宅的建筑价值就要大打折扣，甚至沦为"鸡肋"的窘况也未可知。而从国际发展潮流来判断，开放建筑（Open Building）正是顺应了人类社会发展的趋势，逐渐被广泛接受。长寿化不仅满足了绿色发展的要求，而且从根本上使住宅建筑的功能对未来变化具有了更大的适应性。由于受到各种环境条件的限制，要实现住宅建筑功能的长寿化并非易事，甚至从理论上来说，要真正实现它还有很长的路要走。但从过去几年的试点工程实践中可以看到，业界已经做出了许多创新与尝试，在提升建筑功能长寿化方面已经迈出了可喜的步伐。或许从这一历史性工程实践的全过程来看，我们距离目标尚远；但正是不忘初心，方得始终，这应成为中国百年住宅的长期追求。

其次，要从建立一个新的住宅建设体系的角度出发，在政策的推动与指引下，在房屋设计、构造体系、材料部品供应、建造施工、验收维护等系统建立一个完整的产业链，编制相关标准规范，建立起一套新的标准体系。从过去几年的实践中可以看到，在住房建设的各个环节，对于百年住宅项目都有许多不相适应之处。例如，SAR 理论已在业界热传近五十年，但能掌握这一理论，并驾驭设计实践的设计师却少之又少；在试点工程中，因为工序衔接或传统施工做法的影响，使 SI 体系难于落地。而因为缺乏合格的材料部品供应，百年住宅标准难于真正实现的情况更是频发，这一切都说明一个新的体系亟待建立。

诚然要从建设理念彻底改变并建立一个新的体系从来都不是一件易事，更何况涉及住宅建设这样一个量大面广，关系国计民生、产业链长、影响巨大的新体系。但正因为如此，在新体系建设之初，更要从基础工作入手，只有根基坚实，新体系才能走得更稳、行得更远。

至今我们已经取得了不小的突破，但从长远来看，还需要一个宏观层面的顶层设计。有了它我们就可以把握全局，把每项工作、每个试点都纳入这个"设计"，使之成为体系建设的支撑点；有了它我们才可以有意识地抓重点，逐步推进，使体系建设相互协调、相互支撑。当然，要承担或完成这一任务有难度。从时间维度看，是随体系建设全过程而进行的，而且也绝非一朝一夕可以完成，也许需要一代人的努力。但这又是必需的，也是一项光荣而艰巨的历史任务；否则，建设中国百年住宅体系的大业难以完成。

最后，对中国百年住宅体系的理论研究问题，本人还有一点建议。对照此前半个多世纪全世界有关百年住宅项目的各国工程实践与科学研究，我们已学到很多有益的东西，借鉴乃至直接引进了许多技术体系与工程经验，但终究我们有自己的国情和特有的居住文化，加之又处于中华民族伟大复兴的历史发展阶段。飞速发展的社会提出的各种需求更是始料不及，既需要我们承袭历史经验，更要秉承创新精神，对中国百年住宅的理论体系作出全面的、基础性的研究，以指导实践。眼下除了 SI 体系所引发的各种具体技术课题之外，一些涉及建筑功能灵活可变性的问题也将引发对诸多理论研究领域的探索；诸如中国的住宅功能灵活可变性的边界问题、由此引发的建筑结构与围护结构的体系选择问题，以及住宅建筑平面设计的更新问题等许多关系时下通用的住宅设计技术规则"变革"的理论问题等。可以说没有具备足够科学根据的理论研究成果的支撑，就谈不上创新的工程实践。而环顾我国建筑专业图书市场热销中的各类住宅设计、建设理论书籍、学校教材，乃至相关标准规范，可以感到这项研究任务的迫切性。

当然，相较前两方面工作，这最后一点建议会更加艰巨；但既然参与了开发建设中国百年住宅这项工作，哪怕是能铲上一点土、垒上一块砖，能为这一具有历史意义的重大工程出一份力也是义无反顾、在所不辞。

愿中国百年住宅项目的大厦根基牢固、蓬勃发展！

前言：探求可持续发展的住宅时空之路

Preface: Explore the Path for Space-time of Sustainable Housing Construction

刘东卫

住房和城乡建设部建筑设计标准化委员会主任委员

中国建筑标准设计研究院总建筑师

中国百年住宅建设专家委员会秘书长

住宅与百姓生活息息相关，涉及面广、社会经济关联度高，事关国家和谐稳定与人民幸福安居。特别是自 21 世纪以来，建筑业的建设活动与自然界之间的矛盾日趋加重，所产生的高能耗与高污染正在打破人与自然和谐共生的平衡关系。我国作为世界上既有建筑和每年新建建筑量最大的国家，住宅过度开发、一味追求高速、批量建设，以及建成之后的低品质和短寿化问题，已经严重制约了我国建设领域的可持续发展。

中国正处于一个大量建设同时又大量拆除的时代，我国住宅建设的理念转变、技术创新、实践突破迫在眉睫。在我国住宅建设可持续发展的历史性转型时期，实现住宅的传统建设供给模式和工业化生产方式的根本性转变，研发新型住宅建筑体系与建造集成技术，成为所面临的关键性课题。

中国房地产业协会领导下的百年住宅品牌，通过示范项目探讨住宅建设方式与集成技术方面的转型升级，将能够实现百年长久品质的代代相传作为住宅可持续建设最成功的标志和持续发展的根本途径。百年住宅是基于国际视角的开放建筑（Open Building）理 念 和 SI（Skeleton and Infill）住宅体系，并结合我国建设发展现状和住宅建设供给方式，提出的一种面向未来的新型住宅建设模式。以可持续居住环境建设理念为基础，力求通过建设产业化，全面实现建筑的长寿化、品质优良化、绿色低碳化。通过保证以住宅性能和高品质的规划设计、施工建造、使用维护、再生改建等技术为核心的新型工业化体系与集成技术，建设更具长久价值的人居环境。

2010 年中国房地产业协会提出建设百年住宅的倡议，2012 年中国房地产业协会和日本日中建筑住宅产业协议会签署了《中日住宅示范项目建设合作意向书》，签署了第一批示范项目的实施企业，2015 年扩展了第二批企业，2017 年签署了第三批企业，并成立百年住宅产业联盟。百年住宅产业联盟，联合国内外建筑设计单位、科研单位、开发企业以及相关部品企业、施工企业，形成产、学、研、用各个环节的完整的产业链。作为地产龙头和品牌领军企业的绿地集团、新城集团、亿达集团、宝业集团、鲁能集团、天房发展集团、海尔地产集团、泽信集团、实创高科、当代置业、碧桂园集团、碧源集团、北京城建等开发企业勇担重任，成为百年住宅示范项目的实施主体，面对创新性研发示范项目所面临的重大挑战和困难，实施中的意志之坚，付出之巨难以想象，所取得的丰硕成果凝聚了大家的不懈努力和饱满激情。

对百年住宅的研发与实践还在继续，目前的成果只是阶段性总结，未来还需要在工程实践中不断调整、优化升级。在住宅整体水平较高的发达国家，需要多年经历这些转变才能逐步走向完善。相信随着百年住宅在社会上的理念不断推进，必将在住宅产品供给、住宅建造技术、住宅生产方式，以及提升住宅性能和长效品质方面，呈现出积极的发展态势。百年住宅作为一个颇具持久生命力的新型建筑供给，既是社会经济转型与建筑产业现代化背景下国家大力推动住宅产业化的时代产物，也必将成为这个时代留给后代传承的一笔长久优良的社会资产。

目录
Contents

序: 百年住宅 人居未来

前言: 探求可持续发展的住宅时空之路

00 百年住宅·倡议篇 Initiative
- 转变发展方式 提高住宅质量 ··010
- 落实科学发展观 建设百年住宅 ··013
- 关注建筑长寿化 建设新时代可持续人居环境 ·····················016
- 大力发展百年住宅 推动城镇住宅供给转型 ·························018

01 百年住宅·转型篇 Transition
- 质量时代下百年住宅的创新发展 ··022
- 百年住宅的可持续发展模式 ···026
- 百年住宅的研究实践历程 ···032
- 百年住宅产业联盟 ···038
- 百年住宅性能体验及工法展示馆 ···040

02 百年住宅·方法篇 Method
- 绿色可持续建设理念 ···046
- 百年住宅建设与供给模式 ···048
- 百年住宅标准与技术体系 ···052

03 百年住宅·技术篇 Technology
- 长寿化集成技术 ···060
- 适应性集成技术 ···062
- SI工业化技术与工法 ··064
- INFILL部品化技术与工法 ···070

04 百年住宅·实践篇 Practice
- 上海绿地南翔崴廉公馆 ···075
- 浙江宝业新桥风情 ···083

· 江苏新城帝景 ··· 093
· 山东鲁能领秀城公园世家 ·· 099
· 北京实创青棠湾 ·· 107
· 天津天房盛庭名景花园 ··· 115
· 山东海尔世纪公馆 ··· 123
· 北京当代西山上品湾 MOMA ······································ 131
· 北京丰科建泽信公馆 ··· 139
· 河南碧源荣府 ·· 145
· 广东碧桂园茶山 ·· 153
· 北京城建朝青知筑 ··· 159

05 百年住宅·研究篇 Research

· 新型住宅工业化背景下建筑内装填充体研发与设计建造 ··········· 166
· 住宅产业化视角下的中国住宅装修发展与内装产业化前景研究 ····· 173
· SI 住宅的技术集成及其内装工业化工法研发与应用 ··············· 182
· 百年住宅示范项目工业化设计与建造集成技术的研究 ············· 187
· 国际开放建筑的工业化建造理论与装配式住宅建设发展模式研究 ··· 194
· 中国住宅建设的设计技术新趋势 ································· 202

06 百年住宅·供给篇 Supply

· SI 住宅·新供给 ··· 210
· 200 年住宅·新供给 ·· 212
· 长期优良住宅·新供给 ·· 213
· 未来生活方式的家·新住居 ··· 214
· 家庭成长变化的家·新住居 ··· 216
· 适老与育儿的家·新住居 ··· 218

参 考 文 献 ··· 220
致　　谢 ··· 222
本书编委会 ··· 223

00

百年住宅·倡议篇
Initiative

转变发展方式　提高住宅质量

Transform Mode of Development to Improve Quality of Residence

刘志峰

中国房地产业协会会长

原建设部副部长、党组副书记

原全国政协常委、人口资源环境委员会副主任

摘要： 文章分析了提高建筑品质，建设百年建筑，是建设领域贯彻落实可持续发展观的重要举措，不仅关系到千家万户居住品质的提高，更关系到住宅产业传统生产方式的转变，关系到资源节约型、环境友好型的社会建设。对于百年住宅的建设，需要客观审视我国的住宅建设，全面提升住宅综合质量。

摘自2010年"中日百年住宅高峰论坛"上的讲话

党中央、国务院多次在会议上强调，要转变经济增长方式。在住宅产业领域，任务十分繁重，应研究加快转变住宅生产方式，大力推进住宅产业现代化。提高建筑长久质量与品质，建设长寿命的百年建筑，是建设领域贯彻落实可持续发展观的重要举措。不仅关系到千家万户居住品质的提高，更关系到住宅产业传统生产方式的转变，关系到资源节约型、环境友好型的社会建设。应该从住宅建设，包括住宅的后期使用维护，做到资源节约型、环境友好型、新型住宅建设供给。

我们可以想象一下，如果我们的住宅建筑使用寿命是50年，150年内我们需要盖三次房子；如果将住宅使用寿命提高到75年，这150年中我们只需要盖两次房子。因此延长住宅建筑使用寿命，以百年大计来实现百年使用要求，是国家社会经济可持续战略的必然选择和要求。下面就百年住宅的建设问题讲两点意见。

一、审视我国住宅建设，全面提升住宅综合质量

改革开放以来，随着城镇住房制度改革的不断深化和城市化进程的加快，我国住宅建设一直保持着高速增长，城镇居民居住水平、居住质量和居住环境得到了明显改善，取得了举世瞩目的成就。据统计，截至2008年，中国现有存量建筑441亿平方米。

2004~2008年全社会每年新建房屋分别为20.7、22.8、21.3、23.8和26亿平方米，其中住宅分别为12.5、13.3、13.1、14.6和15.9亿平方米，预计到2020年全国房屋建筑面积将增加280亿~300亿平方米。但是，由于我国住宅生产方式粗放，产业化程度不高，以及建筑规划、设计、建造、维护管理等方面的原因，导致住宅平均寿命只有30年左右。前两年有一个机构专门进行调查，统计数据显示住宅平均寿命是20~30年。这两年是30年，这个30年不仅低于设计使用寿命，更是大大低于发达国家的住宅使用寿命，是巨大的社会人力和物力的浪费。

我国住宅使命寿命短的主要原因有以下几方面：

（一）有相当数量的住宅建设标准偏低。在改革开放之前相当长的一段时期，由于我国经济基础薄弱，住房需求大，加之"先生产、后生活"指导思想的影响，大量住宅使用廉价和低耐久性的建筑材料建造，有的甚至采用临时或简易的建造方

式，导致房屋不能长久使用。改革开放之后，尽管住宅建设标准与用材耐久性有了较大幅度的提高，但是在建筑体系和用材方面仍与发达国家有较大差距。

（二）许多住宅因城市发展规划调整未达到设计使用寿命而被拆除。一些城市在快速发展的同时，过分强调功能分区重新定位，一味突出"以新代旧"，对既有建筑不充分利用，造成不该拆除的建筑以所谓"烂尾楼"名义提前拆除；一些城市规划设计的前瞻性、科学性不够，规划频繁调整，大拆大建，浪费惊人。

（三）不少住宅设计方法落后造成其使用功能不适应后期发展的要求。许多住宅在建筑设计和设施配置上，具有明显的时代局限性，不能适应经济社会快速发展和群众生活水平日益提高的要求。如二十世纪五六十年代建设的筒子楼、简易楼等，这些住宅已经完全不适应当今的居住要求，造成拆除或者改建实属必然。

（四）许多住宅施工质量低下缩短了使用寿命。主要是粗放式生产方式和较低的技术管理水平，导致住宅质量通病较为普遍。一些施工企业不严格执行标准规范，甚至偷工减料，质量监督管理不到位，致使一些住宅工程质量偏低，大大降低了安全性和耐久性。

（五）大量住宅在保养和使用期间缺乏适当和持续保养维护的认识。对住宅的保养维护是延长住宅使用寿命十分重要的一个环节。当住宅达到设计使用寿命时，其结构构件不一定就达到了使用寿命，经过安全和耐久性检测和合理维护，仍可再使用几十年甚至上百年，这也是英国的建筑平均寿命可达到 132 年的原因所在。2002 年，我参加全国人大建筑的执法检查，在四川正好遇到了一个英国建筑设计事务所给四川某部门发的函，说在过去某年我们参加了四川一个教堂的设计，当时设计使用寿命是 80 年，现在 80 年已经到了，请你们检查一下需要做哪些维护工作，做好维护工作还可以继续使用。四川有关部门按照这个提示作了检查，发现稍加维护修理，完全可以再使用四五十年、五六十年。可见，国外的建筑设计事务所非常务实。我们现在的一些设计单位，也包括施工单位、开发企业，对质量重视的程度、负责的态度和管理制度，和发达国家，包括日本在内，有相当大的差距。后来四川省把这个事情专门在报纸上进行了报道。

目前，我国物业管理对住宅的结构、设备的维护保养和安全检测，还没有形成

完善的法律制度和标准；现有住房没有通过有效的维护管理，实现使用寿命的延续和保值增值问题值得我国深思。

上述五个方面的原因，从总体上将我国建筑的平均使用寿命拉了下来。住宅产业是大量消耗资源、能源的产业；当前，我国住宅建设规模巨大，因此加快转变住宅生产方式，提高住宅综合质量，延长住宅使用寿命，是建设中国的百年住宅的当务之急。

二、借鉴国际经验，研究适合中国国情的百年建筑发展模式

对于日本百年住宅（CHS 住宅）的建筑体系，我在过去赴日本考察期间有所了解。日本于 1980 年作为"提高居住功能开发项目"而提出日本的百年住宅（CHS 住宅）建设供给，于 1988 年国家开始"百年住宅建设系统认定事业"，为此制定了《百年住宅（CHS 住宅）建设系统认定基准》，并持续至今。

2007 年 5 月，日本政府发布了"200 年住宅构想"，目的是形成超长期可持续循环利用的高品质住宅社会资产的建设与供给。"200 年住宅"成为国家以"减轻环境负荷、减少住宅支出、建设高质量住宅"

为战略目标的系统性顶层设计。

这次论坛请日本著名专家学者到会进行交流，使我们更加了解日本建立百年住宅（CHS住宅）建设体系的具体内容和评定方法，从而为建立适合中国国情的百年建筑体系提供借鉴，为此提出三点想法：

（一）树立全寿命周期的住宅建设理念。以延长住宅使用寿命，降低资源、能源消耗和减轻环境负荷为基本出发点，在住宅的规划、设计、建造、使用、维护和拆除全寿命周期中，实施节能、节地、节水、节材和环境保护等措施，建设长寿命期住宅。要制定住宅全寿命期的资源环境评估体系，包括对住宅后期使用及拆除后的材料利用的评估，全方位加强节能与环保型住宅的建设。住宅要贯彻低碳减排，包括材料拆除之后哪些能够使用，我们现在的建筑拆除后百分之百都是垃圾。日本、美国住宅拆除以后，大约有５０％以上的

材料可以回收加工再利用；例如轻钢结构的住宅，回收利用率较高。

（二）建立完善百年住宅的产业化建造体系。建设百年住宅的首要条件就是推进住宅产业现代化，实现住宅设计的标准化，部品部件生产的工厂化，现场施工的装配化和土建装修的一体化。推进住宅产业现代化要做到四个方面的要求：建筑设计标准化、部品生产工厂化、现场施工装配化和土建装修一体化。

通过标准化的设计、工业化的生产和装配化的施工、一体化的装修及管理，逐步取代传统的住宅生产方式，将住宅建设由"建造"的粗放方式，转变为"制造"的工业方式。通过这一系列转变，最终完成住宅建设质量的飞跃，实现住宅产业生产方式的革命。

（三）完善生产质量控制体系和住宅性能认定制度。百年建筑一定是建立在高

质量、高性能的基础之上。要从住宅的安全性、耐久性、适用性、经济性和宜居性五个方面开展更加深入的研究，尽快制定百年住宅建设系统认定标准，引导我国住宅可持续建设的长远发展。

当然，这不是一件容易的事情，需要政府、行业协会、研究机构和有志于转变住宅生产方式的企业共同努力，实现这个面向未来的转变。

转变住宅生产方式，建设长寿命、高品质的百年住宅，是当前我们住宅产业发展的重要任务。建立符合我国国情的百年住宅建筑体系，需要政府管理部门、住宅建设相关企业和科研设计单位共同努力。让我们振奋精神、扎实工作，为提高我国住宅品质，促进房地产市场的可持续发展和实现住有所居目标作出应有的贡献！

落实科学发展观　建设百年住宅

Implement the Scientific Outlook on Development to Build Longlife Sustainable Housing

刘志峰
中国房地产业协会会长
原建设部副部长、党组副书记
原全国政协常委、人口资源环境委员会副主任

摘要：文章反思我国住宅建设现状，分析了住宅建设的主要问题，提出建造长寿命、高品质百年住宅的理念和战略意义。通过深入分析住宅产业现状，明确产业发展方向，指出建造百年住宅的四点关键措施，从而加快转变发展方式，大力推进住宅产业现代化，推广低碳技术，促进住宅产业可持续发展。

摘自 2010 年"第二届中国房地产科学发展论坛"上的讲话

一、客观反思我国住宅建设的现状

改革开放以来，特别是 1998 年停止住房实物分配，实行住房分配货币化改革以来，我国住宅建设取得了举世瞩目的成就。2009 年城镇新建住宅面积达到 7.88 亿平方米，是 1978 年的 20.7 倍；城镇人均住房建筑面积超过 30 平方米。与此同时，住房规划设计水平、施工质量、配套设施和居住环境明显提高。1999 年，国务院办公厅转发了建设部等部门《关于推进住宅产业现代化，提高住宅质量的若干意见》（国办发 [1999]72 号），系统提出了推进住宅产业化工作的指导思想、主要目标、重点任务、技术措施和相关政策。十多年来，在行业同仁们的共同努力下，初步建立了符合产业化方向的住宅建筑和部品体系、技术支撑体系和质量控制体系。一大批建筑材料和部品部件实现了通用化设计、系列化开发和集约化生产，推行了住宅性能认定制度，建成了一批示范工程，新建住宅执行的建筑节能设计标准明显提高，住宅的适用性能、环境性能、经济性能、安全性能和耐久性能大幅度改善。

尽管我国住宅产业有了较大发展，但目前传统的粗放式生产方式仍未实现根本性转变，住宅产业化水平和劳动生产率低；技术创新和集成能力弱；资源和能源投入大，环境负荷重，可再生能源在建筑中的应用规模小；住宅使用寿命短，质量和性能还不能完全令人满意。这与中央提出的节能、减排、降耗以及构建资源节约型、环境友好型社会的要求还有很大差距。问题主要表现在以下几个方面。

（一）住宅（建筑）使用寿命短

我国规范规定，普通房屋和构筑物设计使用年限为 50 年，纪念性建筑和特别重要的建筑结构设计使用年限为 100 年，但目前城市建筑统计平均使用寿命仅 30 年左右。而欧美等发达国家非常重视建筑长寿化的耐久性设计要求，其统计平均使用寿命较长，如英国、法国、美国的建筑统计平均使用寿命分别为 125 年、85 年、80 年。日本 20 世纪 80 年代末已开始进行百年建筑认证。我国建筑寿命短，致使资源能源消耗大，建筑垃圾大量产生，特别是大量拆除造成的资源能源浪费使近几年来节能减排的成果大打折扣。

我国住宅（建筑）使用寿命短的主要原因：一是城市规划变更频繁，朝令夕改，一任领导一轮规划，规划调整导致大量建筑被拆除；二是建筑维护维修不及时，损毁严重，影响使用寿命；三是有些建筑材

料耐久性差，有的施工质量不高影响使用寿命；四是对使用空间和功能不能满足新需求的建筑，大都一拆了之。而更深层次的原因是，一些地方在城市建设指导思想上急功近利，重速度、轻质量，大拆大建，政绩工程和开发商的商业利益相结合，造成不该拆的房屋大量被拆除。

（二）既有住宅（建筑）使用能耗高，改造难度大

目前，我国民用建筑在建材生产、建造和使用过程中，能耗已占全社会总能源消耗的49.5%左右。其中，建材生产能耗约占20%，建造能耗约占1.5%，使用能耗约占28%。据测算，我国民用建筑在达到相同室内热舒适度的情况下，使用能耗高出同等气候条件发达国家平均水平的2～3倍，绝大多数采暖地区住宅外围护结构的热工性能比发达国家差许多，外墙的散热系数是他们的3.5～4.5倍，外窗为2～3倍，屋面为3～6倍。即使全部执行国家规定的65%的节能标准，使用能耗仍高出50%以上。随着经济社会发展、城镇化进程推进、第三产业比重提高以及农村地区建筑用能的增长，建筑能耗总量及比重还将持续增加。预计到2020年，建筑使用能耗超过工业、交通能耗，占全社会终端总能耗的比例将超过1/3，成为用能的主要领域。

据估算，目前我国既有建筑面积约460亿平方米；到2020年，全国还将新增建筑面积280亿平方米左右。截至2009年底，全国城镇累计建成节能建筑面积40.8亿平方米，节能建筑占城镇建筑面积的比例为21.7%。北方城镇既有建筑约为80亿平方米，南方城镇约为108亿平方米，总计约188亿平方米。由于改造工作主要依靠财政支持、政府组织的方式进行，财政改造资金不足，加之改造模式单一，没有形成政府引导和市场参与相结合的机制；改造难度大，大量既有建筑能源利用效率不高、浪费严重的现象还难以改变。

（三）住宅产业化水平低，建设方式粗放

尽管国家1999年就明确提出了推进住宅产业现代化的目标、工作内容和要求，但由于缺乏必要的法律保证、政策和资金支持以及相应的工作机制，住宅产业化进展一直比较缓慢，粗放式的建设方式长期得不到改变。集中表现在：一是生产效率低；二是资源消耗高；三是技术配套和集成度低；四是住宅生产和使用造成的环境污染严重。

（四）土建装修一体化进程缓慢，二次装修浪费惊人

1999年，国办发72号文件明确要求推广一次性装修或菜单式装修，但目前上市销售的住房大多数仍为"毛坯房"，土建装修一体化比例不到10%，需进行二次装修才能满足使用要求，为世界各国所少见，是粗放型住宅建设模式的典型体现。据调查测算，2009年，我国城镇竣工住宅建筑面积为7.88亿平方米，按照平均每户105平方米，其中90%进行二次装修计算，将有近675万户需要装修。二次装修平均每户大约产生建筑垃圾1.5～2吨，总计约产生建筑垃圾1000万～1350万吨，浪费了大量资源和能源。以建筑垃圾主要由水泥组成测算，将浪费水泥生产能源280多万吨标准煤，增加CO_2排放720多万吨。同时，家庭装修产生的噪声扰民、劣质装修材料带来的环境污染以及随意变更房屋结构或更改管线造成的安全隐患等问题非常突出。

以上几个方面的突出问题，严重制约了我国住宅产业整体水平的提升，不仅阻碍了住宅产业的可持续发展，而且影响到国家节能减排目标的实现，影响到资源节约型、环境友好型社会的建设。

二、努力建造长寿命高品质百年住宅

房地产业是典型的大量消耗资源和能源的产业，是节能减排的重点领域。我国政府已公开承诺，到2020年，单位GDP碳排放比2005年降低40%～45%，节能提高能效的贡献率要达到85%以上。因此，加快转变住宅发展方式，大力推进住宅产业化，推广低碳技术，建造百年住宅，对于推动住宅产业走"资源利用少、环境负荷低、科技含量高、生态良性循环"的可持续发展之路，具有重要的战略意义。

我们国家的百年住宅，应是以住宅的全寿命周期为基础，在规划、设计、建造、使用、维护和拆除再利用全过程中，通过提高建筑结构的耐久性、居住的安全性、建筑的节能性、功能的适居性、空间的可变性、设备的可维护性、材料的可循环性、环境的洁净性、建造的集成性和配套的完善性，实现居住与环境和谐共生，可持续使用百年以上的优质住宅。

建造百年住宅（建筑）是项复杂的系统工程，不仅需要生产方式上的转变，而且需要认识理念上的提高；既要有技术上的支撑，也要有政策、组织上的保障。我认为，首先要树立两个方面的理念：一是提高住宅（建筑）使用寿命是最大的节约；二是要从规划、设计、建造、使用、维护和拆除再利用全过程和住宅（建筑）全寿命期综合考虑建筑的节能减排。

（一）以科学规划统筹百年住宅

建造长寿命、高品质的百年住宅，首先要靠规划。规划是提高住宅使用寿命的基础，是引领百年住宅建设的龙头。只有保持规划的稳定性，才有传承百年建筑的可能。为此，要提高规划编制的前瞻性和

科学性，通过详细调研、深入分析、系统论证，确保规划的严谨、全面、科学。

要维护规划的强制性和严肃性，规划一旦确定，要严格执行，不得随意调整，将规划的实施全程纳入法制轨道，并强化问责。确需调整的，要严格执行法定程序，做到公开、透明，避免长官意志。要切实改变一些地方"规划规划，纸上画画，墙上挂挂，橡皮擦擦，最后能不能实施，全靠领导一句话"的做法。

城市规划应强调科学的功能分区，完善土地分类体系，建设集居住、商业、办公于一体的多功能社区，积极推广城市综合体，降低交通能耗。要统筹规划城市旧城改造，重视对既有住宅（建筑）的维护改造，把节能改造、提升建筑功能与改善城市（住区）环境结合起来，避免大拆大建。要建立建筑拆除的法定程序，明确拆除条件，切实做到建筑拆除有法可依、有章可循。应大力促进城乡规划一体化，统筹城乡发展，引导城镇化有序推进。

（二）以产业现代化打造百年住宅

推进住宅产业化，是住宅生产方式的根本性变革，是实现住宅产业由传统建筑业向先进制造业转变的关键。百年住宅应以产业化为本，推进住宅产业化的核心是实现住宅（建筑）设计的标准化、部品部（构）件生产的工厂化、现场施工的装配化和土建装修的一体化。

一是实行设计的标准化，这是完善技术保障体系的重要环节。要尽快建立建筑与部品的模数协调体系，统一模数制，统一协调不同的建筑物及各部分构件的尺寸，提高设计和施工效率。要制定技术规范和标准，统一建筑工程做法和节点构造，为成套新技术的推广提供依据。要对构配件开展通用性和互换性的标准研究，以适应工业化施工和建造要求。

二是实现部品部（构）件生产的工厂化。构建住宅产业化体系首先是要完善住宅部品体系，在标准化、通用化、配套化的基础上，逐步形成住宅部品、构件的系列开发、规模生产、配套供应，将住宅的生产从现场转移到工厂制造。由于大部分部品、构件均在工厂预制，其加工精度和品质是传统的现场操作无法比拟的。现场的建筑工人转变为装配工人，操作更加简单，质量也更有保障。

三是实现现场施工的装配化。住宅的部分或全部构件在工厂预制完成后运输到施工现场，将构件通过可靠的连接方式组装装配成整体，实现"像装配汽车一样造房子"。装配式施工一般节材率可达20%左右，节水率达60%以上，提高施工效率4～5倍，也使先进的建筑节能技术得以更广泛地应用。

四是实现土建装修的一体化。土建装修一体化的本质是由开发企业统一组织装修施工，向用户提供成品住宅，是用科技密集型的规模化工业生产取代劳动密集型的粗放的手工业生产，从而全面提升住宅装修的品质。土建装修一体化的优势在于：①住宅部品工厂制作，加工精细，确保质量；②现场组装，省时省料，提高效率；③集中采购，规模生产，降低成本；④减少污染，避免扰民，利于环保；⑤成品住宅，减少投机，稳定市场。

（三）以技术集成化支撑百年住宅

要加快完善技术与标准体系，开展针对我国国情的百年住宅（建筑）建设评价标准的研究，围绕住宅（建筑）的规划、设计、建造、使用、维护和拆除再利用全寿命周期，进行相关技术标准研究，制定完善的针对全国不同区域和不同类型建筑的能耗设计标准、新型建筑结构体系标准、各种可再生能源与建筑一体化应用标准等，实现配套化和系列化。

要大力推进先进适用的基础技术、关键技术研发，加强技术集成和配套，加快科技成果的推广转化，强制淘汰落后技术。重点研发有利于节能减排的新材料、新产品、新技术，如资源节约和废弃物循环利用技术、能源综合利用和再生技术、既有住宅节能改造技术等，力求在关键技术上有所突破。要积极引进推广国外先进的被动式建筑和SI体系住宅，实现建筑结构与设备管线的分离，在不改变主体结构的前提下，进行设备管线更换、装修更新、建筑维护以及空间布局调整。

（四）以保障体系化服务百年住宅

要充分发挥中国房地产业协会的平台作用。中国房地产业协会汇集了一大批规划设计、开发建设、技术研究、经营管理、部品供应、投资融资、研究咨询等单位，还有不少专家学者，多学科、跨专业，人才资源丰富。同时，在标准编制、政策咨询、展览培训、推优评优、成果鉴定、经验推广、信息交流等方面，也有很多专业资源。

住宅产业化的推进和百年住宅（建筑）的建设，离不开政府的支持和引导。建议有关部门尽快制定住宅产业化发展规划和相关政策，明确加快推进产业化的工作体制和激励机制，在金融、财政、税收、土地等方面给予支持，推动住宅产业现代化的发展。

转变住宅发展方式、建设长寿命高品质的百年住宅，是当前我国住宅产业发展的重要任务，让我们以科学发展观为指导，以科技创新为动力，大力推进住宅产业化，推进百年住宅的研究与建设，为住宅产业的可持续发展而不懈努力。

关注建筑长寿化 建设新时代可持续人居环境

Focus on the Longevity of Building New Era of Sustainable Human Settlements

修龙
中国建设科技集团股份有限公司董事长
中国建筑学会理事长

摘要：文章分析了当前建筑长寿化与适老化建设对于推进我国"居者有其屋"国策实现的重要意义，指出要以发展的眼光看待"长寿化与适老化"问题，探索能够沿用到下一代的住宅品质和性能。提出了长寿化与适老化有四方面发展重点，即以坚持建筑工业化为根本，以实现产业化建设为动力，以绿色技术整合和优化为核心，以改善民生为宏伟目标。

随着我国城市化进程的加快，全国各地住宅开发建设如火如荼地进行。在解决现实需求、平衡供求关系之后，社会关注的焦点逐步转向建筑的使用寿命和耐久年限上。同时，建筑作为所有社会活动发生的场所，在应对人口老龄化危机方面的表现也备受关注和期待。毋庸置疑，建筑的长寿化与适老化建设将有效推进我国"居者有其屋"重大国策的实现，成为改善民生的重要保障，并为社会各行各业相继实现适老化提供优良载体。所谓"长寿化和适老化"并非要创造出特殊的建筑类型，而是在普通的公共建筑、居住建筑中为使用者提供安全、便利、舒适的基本保障。同时，我们更要以发展的眼光看待"长寿化和适老化"问题，这就需要为年轻人和健康者在建筑的通用设计方面加以考虑，探索能够沿用到下一代的住宅品质，如节能性能、适老化性能、无障碍性能等。因此，为现在的长者和每一个逐渐变老的人们创造一个真正适老化的环境，是摆在我们所有建筑从业者面前刻不容缓的首要任务。

适逢今年的国际可持续居住与住宅产业化技术发展论坛大会开幕之际，基于建筑长寿化与适老化建设这一主题，我认为有以下四方面发展重点。

第一，建筑长寿化与适老化建设以坚持建筑工业化为根本。建设高效、设计及工艺精准、技术尖端的新型工业化建筑，适应当今社会发展模式。我国建筑，特别是住宅，应从开发建设、整体规划、建筑设计的源头倡导工业化建设，从而真正提高主体结构耐久性和内部空间的灵活适应性，为实现建筑长寿化与适老化建设提供现实保障。这就需要我们在建设理念、机制标准及技术集成三方面加快观念转变、加大发展力度。不断引进国外先进的工业化建筑理念，因地制宜地进行本土化实践；不断推进工业化建筑通则、标准、图集的编制工作，规范行业发展、建立行业新标；不断组织科研人员进行工业化建筑技术研发，形成完善的技术集成体系，并真正在实际工程中应用。相信我国的建筑工业化势必会为建筑长寿化与适老化建设提供坚实的基础。

第二，建筑长寿化与适老化建设以实现产业化建设为动力。基于建筑工业化，围绕项目开发和建设，逐步健全并扩大相关产业链，带动相关产业的多元化发展，促进耐久性强、适应性好的新产品、新工艺、新技术的应用，实现建筑建设全流程的一次升级换代。同时，产业链上的各个环节

摘自2013年"可持续居住与住宅产业化技术发展论坛"上的讲话

应围绕长寿化、适老化课题加强联系、共同开展技术攻关。例如一个小小的适老化部品如何生产，如何被采纳到建筑设计中，如何为广大老年人所接受并依赖，是需要相关产业共同解决的问题。

第三，建筑长寿化与适老化建设以绿色可持续技术整合和优化为核心。技术创新带动社会发展进步，以绿色可持续技术为先导的绿色建筑建设也将是我国建筑领域发展的必然趋势。因此我国大规模、大批量的建设都需要适应可持续发展的时代特点，遵从资源节约型、环境友好型社会需求。在建筑全生命周期内，尽可能延长建筑的使用寿命将是最大程度的资源节约和最有效的节能减排。进而可以扭转我国建筑反复被拆改的现状；从源头避免资源能源、人力物力的消耗，促进城市建筑从传统的"高消耗模式"向"节能环保模式"

的转变。因此，我们要有针对性地对绿色可持续技术进行整合，以长寿化技术为主，同步推进主动式技术的研发创新，以绿色可持续建筑技术手段彻底改变我国项目建设中传统建筑施工技术的"三高"（高能耗、高排放、高污染）以及低效益的粗放型、浪费型现状。以节能、减排、绿色环保的崭新模式，促进实现产业化的转型和升级，为建筑长寿化和适老化建设提供核心竞争力。

第四，建筑长寿化与适老化建设最终以改善民生为宏伟目标。为百姓建设高品质的长寿化住宅是改善民生的重要途径之一，也是我们建筑领域为全社会作出贡献最直接的途径。因此，在项目整体规划、建筑设计、施工建设等各个环节中，我们都要站在使用者的角度进行考虑，注重其生活习惯、行为特点、心理感受等各个方面，

采取有效的方式方法。确保坚持建筑长寿化与适老化，建立建筑方面的长效机制，在短期内可以有效体现我们的行业价值，引发其他领域对适老问题和可持续发展问题的关注和观念转变。长此以往、循序渐进，通过越来越多的高品质长寿化项目的开发和建设，使我们的社会更加和谐、人民的生活幸福指数大幅提高，真正实现广大居住者幸福安居的中国梦。

展望未来，建设高品质、高水准的长寿化与适老化建筑是我国时代发展的需求和建筑发展的明确方向。基于建筑工业化及产业化，不断健全完善标准体系、技术集成，走绿色低碳的可持续发展之路，这些都显得尤为重要。实现百年建筑、百年品质，建设具有我国特色的新的百年住宅建设供给，需要我们全体建设部门和相关行业共同肩负起这个意义重大的社会使命。

大力发展百年住宅 推动城镇住宅供给转型

Facilitate Longlife Sustainable Housing Construction to Push Forward the Transformation of Supply Mode of Urban Houses

孙英

中国建设科技集团股份有限公司副总裁

中国工程建设标准化协会副理事长

摘要： 文章分析了当前我国可持续发展建设所面临的资源能源消耗问题，以及大拆大建、反复性"二次装修"对于我国住宅寿命、品质和性能的影响。提出建造长寿命、高品质、绿色低碳的百年住宅的重要意义。论述了百年住宅技术体系的核心价值：建筑长寿化、建设产业化、品质优良化和绿色低碳化，并简要介绍了百年住宅的实施情况和成效。

摘自 2017 年"第九届中国房地产科学发展论坛"上的讲话

一、百年住宅的内涵和意义

中国是世界上既有建筑和每年新建建筑量最大的国家。在过去的 30 年间，中国房地产业解决了几亿人的基本居住问题，取得了举世瞩目的辉煌成就。然而，这样的发展和成就，也带有明显的时代特征。

首先从资源消耗上来看，我国每年为生产建筑材料需要消耗各种矿产资源 100 亿吨以上，造成了资源的匮乏。在能源消耗上，2015 年，我国建筑的使用能耗占全国总量的 28%。在碳排放方面，建材部分、原材料如水泥的化学反应、施工阶段消耗能源所产生的排放，三者相加，占全国 CO_2 排放的 35% 左右。此外，还有建筑垃圾和污染排放。

上面只是建设过程，在大建的同时我们还在大拆。我国城市建筑的平均使用寿命远低于日本、美国等发达国家，大约就是三四十年左右，平均一百年内我们要拆毁两到三次，每一次的拆毁过程会产生大量的碳排放和建筑垃圾。在大拆的同时我们还在大改，由于这二三十年大量交付的是毛坯房，二次装修产生了大量的垃圾，大量拆毁的模式已经造成资源的快速枯竭和环境的大范围污染。在未来二三十年，乃至更长的时间，这样的建设供给模式真的能够可持续发展吗？

我们都曾经饱受装修的困扰，我们都曾经遇到过居住空间无法适应生活需求变化的问题，我们都还遇到过收纳不足、水压不稳、排水不畅、老人不方便等这些生活中的小问题。但是在居家生活中，这些小问题就有可能变成大烦恼，影响居住生活品质。综上所述，从供给侧改革上看，目前中国城市住宅建设面临两大问题亟待解决：一是产品资源能源消耗高，二是住宅的品质不够高。要加强供给侧结构性改革，把房地产业从传统的建造业转变为先进的制造业，建造出长寿命、高品质、绿色低碳的好房子，也就是我们说的百年住宅。

为此，在刘志峰会长的大力倡导和推动下，2012 和 2015 年组织房地产龙头企业与日本日中建筑住宅产业协议会合作，先后分两批进行了百年住宅示范建设，由中国标准设计研究院作为技术体系研发与设计的主要依托单位。百年住宅项目建设成绩斐然，行业反响非常热烈，今天上午也举行了第三批示范项目的签约仪式。

二、百年住宅的理念和技术

大家不要把百年住宅理解为长寿命住

宅，其实它的内涵比长寿命还要丰富很多，它的核心价值理念是四化的新发展理念，即建筑长寿化、建设产业化、品质优良化和绿色低碳化。

围绕这四化的新发展理念，有相关的标准和系列技术作为支撑，共同构成了百年住宅的技术体系。而且这个体系是一个开放的体系，随着需求的改变和技术的不断进步，这个体系之中的相关技术会进行更新迭代、拓展和补充，以此推动城镇住宅供给转型，使百年住宅不断地超越、创新和发展。

首先是建筑长寿化。延长寿命就是最大的绿色。支撑建筑长寿化的相关技术很多，包括大空间灵活可变，采用SI技术体系，延长主体结构的使用寿命，提高外围护结构的可改性等。

其次是建设产业化。建设产业化的核心目标就是将我国目前的施工建造方式转变为工业化施工方式或装配式建造方式。推进建筑工业化与装配式建筑的最主要目的就是有利于节省能源和减少污染，必须

形成四个装配系统才能实现我们的目标；这四个系统就是主体结构系统、外围护系统、设备管线系统和内装系统。只有这四个系统全面装配，才能称得上是真正的装配式系统。

再次是品质优良化。品质优良化的核心是在精细化、人性化、智能化和健康化上下工夫；通过提高功能宜居性，采用高品质具有优良性能的部件部品来提高百年住宅的长久品质。

最后是绿色低碳化。它的核心是建设绿色低碳型的低能耗建筑；通过使用可循环利用的建材，应用可再生能源，采用绿色低碳技术，推进建筑能效提升，全面提高建筑全过程和全寿命的绿色化水平。

三、百年住宅的实施和成效

百年住宅项目实践自2012年启动以来，已启动十余个项目，总建筑面积超过100万平方米。在推动新时代、新理念与高质量发展，加强科技创新能力，以及引领住宅建设全产业链的产业化发展等方面

取得了令人瞩目的成绩。

其中绿地南翔项目已经全部完成，项目先后获得了中国土木工程詹天佑大奖等多个奖项，被公认为建立了中国新一代住宅供给产品的质量标杆。济南鲁能项目，目前全部销售完毕，以优良的性能实现了社会效益与经济效益相结合的突破性目标。

可以说，百年住宅的核心理念及其相关的支撑技术，完全契合了城市居民收入水平普遍提高以后，从有房住到住好房，从过日子到过好日子的需求转变，形成了符合市场需求的有效供给。同时由于百年住宅项目增量成本可控，也给开发商带来很好的回报，这是可持续的市场化模式。如果仅仅靠政府补贴，那就不是市场化了；因此我们也非常希望有更多的企业，了解百年住宅，认同百年住宅，建设百年住宅。不仅为老百姓提供更多长寿命、高品质、绿色低碳的好房子，满足人民不断增长的居住生活需求，同时也能实现建筑业的转型升级和住宅建设供给的可持续发展。

01 百年住宅 · 转型篇
Transition

质量时代下百年住宅的创新发展
Longlife Sustainable Housing in the Quality Era

■ 可持续发展建设的课题

21 世纪，建筑业的建设活动与自然界之间的矛盾日趋加重，所产生的高能耗、高污染废物正在破坏着人与自然和谐共生的平衡关系。根据欧洲建筑师协会的统计，全球每年建筑的相关产业将会消耗地球 50% 能源、50% 水资源、40% 各种原材料，并同时造成 80% 耕地损失，以及产生 42% 温室气体、50% 大气污染、50% 水体污染、48% 固体废弃物和 50% 氟氯化合物。显而易见的是建筑业已经成了资源和能源大量消耗的产业，过度开发和一味追求高速批量建设，严重制约了建筑领域走可持续发展道路。

■ 大量建设伴随大量拆除的课题

我国是世界上既有建筑和每年新建建筑量最大的国家，与此同时既有建筑拆除数量也触目惊心。十二五期间我国每年平均竣工建筑面积超过 20 亿平方米，2016 年全国房屋竣工面积为 42.24 亿平方米，其中住宅 28.40 亿平方米，占比为67.23%；目前既有建筑面积已超 600 亿平方米，预计 2020 年将达到 700 亿平方米左右。从 1996 ~ 2016 年的 21 年间，中国城镇化率从 30.5% 提高到 57.35%；同期中国城镇居民家庭住房自有率从不足5%，提高到 85% 以上。当前我国住宅从数量建设到质量建设的转型始终是中国住宅建设的关键所在。

50% 能源、50% 水资源、40% 原材料
50% 大气污染、50% 水体污染
80% 耕地损失、42% 温室气体、48% 固体废弃物、50% 氟氯化合物……

67.23% 住宅

600 亿平方米既有建筑

5% → 85% 城镇化

■ 建筑全寿命期与未来的挑战

居住建筑作为我国建设量最大的建筑类别，是国民经济的支柱产业，对经济建设起到重要作用，同时还与可持续建设息息相关，与社会未来的经济生活、居住生活和生态环境有着紧密的联系。在住宅全寿命期（设计、建造、使用、维护、改造、拆除）内，建造和使用住宅不得不消耗大量资源和能源，维护和改造住宅又会陷入不断产生建筑垃圾、对资源与能源持续消耗的循环中，且在拆除住宅时这种情况不会减少。

基于住宅建筑全寿命期的研究表明，建筑对于能源的消耗和温室气体的排放主要集中在建造和使用过程中，特别是建成后长达数十年日积月累的使用过程中。因此，住宅建设正在并持续加重环境的负荷。大规模的建设亟须考虑可持续发展的要求，贯彻省地、节材、环保和经济性的原则，落实节能减排的各项技术措施，尤其是如何解决建造与建筑后期维护改造的问题是我们面临的又一个新课题。

2015 年，我国建筑使用能耗总量为 **8.58 亿**吨标准煤，占全国总量**19.96%**

加上水泥、钢铁、玻璃、陶瓷、石材等主要建材工业的能耗，以及施工过程的能耗

广义建筑能耗约占全国总量的 **40%**左右

我国每年为生产建筑材料需要消耗各种矿产资源 **100 亿**吨以上

我国建筑行业广义碳排放占全国总量的 **35%**以上

每年产生建筑垃圾逾 **30 亿**吨，约占城市垃圾总量的 **40%**左右

■ 住宅短寿命的挑战

短寿命建筑在我国城市发展中屡见不鲜，"大拆大建"已成为城市发展的"通病"。据相关统计，十一五期间每年拆除约5亿平方米，拆除建筑平均寿命小于40年。我国城市建筑的平均使用寿命远低于美国、日本等发达国家，只有三四十年，平均100年内需要建造和拆毁二三次，经历二三个寿命期。目前二十世纪五六十年代的住宅甚至八九十年代的住宅也正在进行大规模拆迁。例如，北京建国后的第一个住宅区百万庄建筑群未能幸免。不得不拆的住宅绝非北京独有，而住宅坍塌问题在全国范围内更为严重；2014年浙江建成20年的一栋居民住宅楼发生倒塌事故，再次引发了全国范围内对短寿命住宅的极大关注。中国建筑的短寿命与大拆大建的现象越发突出，对资源、环境影响也越发严重。

事实上，建筑寿命主要由住宅的结构主体和内装性能两方面决定。然而传统施工建造方式下的住宅一旦完成建造流程并交付使用，其使用空间的形式就被固定下来，无法灵活使用。同时，反复的"二次装修"造成大面积地板、墙面、吊顶开裂，以及对结构层造成严重伤害，其产生的资源能源浪费、人力物力财力消耗更是显而易见。即便是简单的管线维护和维修，也很有可能殃及其他住户，引发的纠纷屡见不鲜。传统的住宅建设难以满足现代高品质的要求，而且低质与短寿现象严重；因此，延长建筑寿命是当前我国最大的可持续发展课题，住宅建设应坚持质量第一的"百年大计"。

1	设计问题	设计不能有效解决标准化与多样化之间的矛盾。住宅要求设备设施一步到位，传统的设计方法未考虑内装部品、设备、管线的标准化、工业化、集成化，无法实现居住品质优良，也给后期维护造成了隐患
2	建筑问题	目前仍以粗放型（大量湿作业）建造方式为主，生产效率低、建设周期长、材料消耗多，质量、造价难以控制，且造成资源、能源的巨大浪费
3	集成问题	缺乏完整的工业化技术集成体系，难以实现建设的可持续发展

95%隔墙拆改
80%电路改造
68%水管改造

建筑实际使用寿命对比
美国 130 年
欧洲 100 年
日本 70 年
中国 40 年

■ 低性能与劣质量的挑战

近年全国各地房价屡屡攀升的背后，住宅建设真正所需的成本、住宅品质的价值是否与飞涨的房价成正比，值得思考。只有居住的稳定性和舒适性增强，住宅的资产价值和使用价值才有提升的意义，住宅的长久质量也才会得到延长。

目前我国建筑行业中暴露的问题虽然已经得到了政府的高度重视，但研究体系、具体的发展路线还没有完全确立，技术研发与发达国家相比尚不成熟，不能为建设高品质建筑与住房提供支撑，给设计、施工及管理维护带来一系列问题，技术转型问题仍然是阻碍我国工业化、长寿化建设发展的主要问题。建筑生产建造方式得不到根本性变革，将长期限制我国建筑质量水准，影响建筑行业和产业发展。

■ 高品质与长寿化的供给需求

我国建筑行业围绕住宅建设的理念转变、技术创新、实践突破迫在眉睫，通过住宅产业现代化发展，采用住宅工业化设计及建造技术建设的高品质、长寿化住宅将会为我国住宅市场发展带来新契机。住宅是城市构成的有机体，其树立的形象对于城市长期发展起到至关重要的作用。长寿化住宅既能为每一个致力于打造百年企业、传承企业精神的开发商、设计方、建造方带来良好的品牌效益，也是住宅建设可持续发展的根本途径。

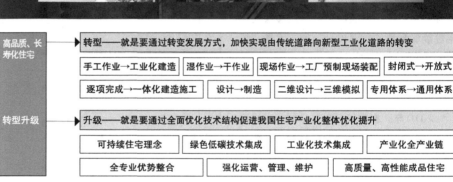

高品质、长寿化住宅

转型——就是要通过转变发展方式，加快实现由传统道路向新型工业化道路的转变

手工作业→工业化建造	湿作业→干作业	现场作业→工厂预制现场装配	封闭式→开放式
逐项完成→一体化建造施工	设计→制造	二维设计→三维模拟	专用体系→通用体系

转型升级

升级——就是要通过全面优化技术结构促进我国住宅产业化整体优化提升

可持续住宅理念	绿色低碳技术集成	工业化技术集成	产业化全产业链
全专业优势整合	强化运营、管理、维护	高质量、高性能成品住宅	

西安陕煤集团航天城项目

百年住宅的可持续发展模式

Sustainable Development Mode of Longlife Sustainable Housing

■ 创立与发展

为大力推动中国住宅产业的转型升级和高质量、高水平发展，全面提高住宅建设的综合价值，在中国房地产业协会的大力推动下，百年住宅产业联盟创建了代表我国具有国际水准、全寿命期优良性能标准的百年住宅发展模式及百年住宅建设供给与集成技术体系。中国百年住宅，是以可持续居住环境建设理念为基础，力求通过建设产业化，全面实现建筑长寿化、品质优良化、绿色低碳化。通过能够保证住宅性能和品质的规划设计、施工建造、维护使用、再生改建等技术为核心的新型工业化体系与集成技术，建设提高居住长久价值的绿色宜居人居环境。

2010 年，在中日百年住宅国际高峰论坛上，中国房地产业协会向全社会、全行业发出了《建设百年住宅的倡议》。2012年 5 月 18 日，中国房地产业协会和日本日中建筑住宅产业协议会签署了《中日住宅示范项目建设合作意向书》，就促进中日两国在住宅建设领域深化交流国际先进的理念、方法和技术标准，合作开发具有国际领先水平的示范项目等达成一致意见，并签约开展了第一批试点示范项目。试点示范项目把建设资源节约型、环境友好型社会作为着力点，以绿色可持续建设理念，转变我国住宅建造发展方式，推动住房建设行业转向由新理念、新标准、新体系、新技术引领和升级，从而推动住宅产业现代化和绿色宜居建设目标的最终实现。

实施流程

1	项目申报	提交申请 专家考察	
		技术培训 组建团队	
		审批回函 确认重点	
2	设计研发	对标考察 确认重点	
		技术选用 适用评估	
		专项攻关 成本分析	
		规划设计 技术方案	
3	项目审查	专家审查 综合评价	
		签订协议 列入计划	
		项目授牌 新闻发布	
4	建设实施	建设诊断 中期检查	
		样板搭建 工法展示	
		技术支持 施工管理	
		专项论坛 成果发布	
5	项目验收	相关检测 入住回访	
		专项总结 成果验收	
		国际论坛 交流参观	
		达标评优 行业推广	

合作进展

前期讨论	前期探讨实施，签署合作意向书	现状认知
	研发内容确定	
↓	设计与技术攻关	↓
组织实施	专项课题研发	整理
	组织开发商赴日学习交流	
↓	示范项目认定	↓
项目建设	开展示范项目建设 绿地控股集团有限公司 新城控股集团股份有限公司 亿达集团有限公司 宝业集团股份有限公司 ……	解决
	百年住宅示范项目建设实施	

组织机构

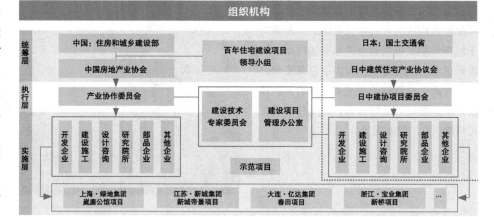

■ 百年住宅示范项目

在全面提升新时代绿色可持续理念的百年住宅建设方向指引下，作为地产品牌与领军企业的绿地集团、新城集团、亿达集团、宝业集团、鲁能集团、天房发展集团、海尔地产集团、泽信集团、实创高科、当代置业集团、碧桂园集团、碧源集团、北京城建等在内的十几家企业成为百年住宅示范项目的实施主体。截至 2017 年底示范项目总建筑面积已达 100 万平方米，2010 ~ 2018 八年的研发与实践，示范项目进行着可持续住宅建设模式的产业化技术发展的创新变革。项目与品牌得以在全国各地推广，跨领域、跨行业协同创新实践迭代出新，受到社会各界和行业内外的一致好评和广大居住者的极大认同。

百年住宅试点项目单位名录

试点项目批次	序号	签约企业	项目名称
第一批 百年住宅试点项目	1	绿地控股集团有限公司	上海绿地南翔崴廉公馆
	2	新城控股集团股份有限公司	江苏新城帝景
	3	亿达集团有限公司	辽宁亿达春田项目（未建设）
	4	宝业集团股份有限公司	浙江宝业新桥风情
第二批 百年住宅试点项目	5	鲁能集团有限公司	山东鲁能领秀城公园世家
	6	天津市房地产发展（集团）股份有限公司	天津天房盛庭名景花园
	7	海尔地产集团有限公司	山东海尔世纪公馆
	8	北京泽信控股集团有限公司	北京丰科建泽信公馆
	9	北京实创高科技发展有限责任公司	北京实创青棠湾
	10	青海紫恒房地产开发有限公司	申报中
	11	当代置业（中国）有限公司	北京当代西山上品湾 MOMA（设计中）
第三批 百年住宅试点项目	12	碧桂园控股有限公司	广东碧桂园茶山（设计中）
	13	绿城房地产集团有限公司	申报中
	14	山东创业房地产开发有限公司	申报中
	15	河南碧源控股集团有限公司	河南碧源荣府（设计中）
	16	北京城建房地产开发有限公司	北京城建朝青知筑（设计中）

由中国房地产业协会统筹负责，根据中国工程建设标准化协会《关于印发<2015年第一批工程建设协会标准制定、修订计划>的通知》（建标协字[2015]044号）的要求，由中国建筑标准设计研究院有限公司主编，联合全产业链优秀专家和全行业六十余家单位共同完成了《百年住宅建筑设计与评价标准》（以下简称《标准》）的编制。归口管理单位为中国工程建设标准化协会建筑产业化分会。

《标准》经中国工程建设标准化协会建筑产业化分会组织审查，由中国工程建设标准化协会与中国房地产业协会联合发布，编号为 T/CECS-CREA 513-2018，自2018年8月1日起施行。

发布单位	
中国工程建设标准化协会	中国房地产业协会

参编单位		
中国建筑标准设计研究院有限公司（主编单位）		
中国建设科技集团股份有限公司 住房和城乡建设部科技与产业化发展中心 （住房和城乡建设部住宅产业化促进中心） 北京市住房和城乡建设科技促进中心 山东省建筑科学研究院 河南省建设工程质量监督总站 深圳市建筑产业化协会 济南市城乡建设发展中心 河南省城市绿色发展协会成品住房研究中心 清华大学 同济大学 大连理工大学 哈尔滨工业大学 绿地控股集团有限公司 鲁能集团有限公司 宝业集团股份有限公司 天津市房地产发展（集团）股份有限公司 海尔地产集团公司 北京泽信控股集团有限公司 北京实创高科技发展有限责任公司 碧桂园控股有限公司 河南碧源控股集团有限公司 当代节能置业股份有限公司	新城控股集团股份有限公司 绿城房地产集团有限公司 北京城建地产开发有限公司 青海紫恒房地产开发有限公司 北京天恒置业集团有限公司 山东创业房地产开发有限公司 中国建筑设计研究院有限公司 北京市建筑设计研究院有限公司 上海中森建筑与工程设计顾问有限公司 深圳华森建筑与工程设计顾问有限公司 （株）市浦住宅·城市规划设计事务所 （株）立亚设计 BE建筑（香港） 五感纳得（上海）建筑设计有限公司 中建ା科技有限公司 北京中天元工程设计有限责任公司 南京长江都市建筑设计股份有限公司 江苏龙腾工程设计股份有限公司 中房研协优采信息技术有限公司 北京国标建筑科技有限责任公司 松下电器（中国）有限公司 威可楷（中国）投资有限公司	中建三局集团有限公司 青岛海尔家居集成股份有限公司 科宝博洛尼（北京）装饰装修工程有限公司 北京宏美特艺建筑装饰工程有限公司 上海君道住艺工业有限公司 江苏和风建筑装饰有限公司 北京建王园林工程有限公司 天津华惠安信装饰工程有限公司 南京旭建新型建材股份有限公司 苏州科逸住宅设备股份有限公司 苏州海鸥有巢氏整体卫浴股份有限公司 北新集团建材股份有限公司 杭州老板电器股份有限公司 上海唐盾材料科技有限公司 北京维石住工科技有限公司 迈睿环境（北京）有限公司 山东和悦生态新材料科技有限责任公司

编制意义

■百年住宅

Long-life 建筑长寿化
Industrialization 建设产业化
百年住宅
Green-sustainable 绿色低碳化
High-quality 品质优良化

1. 定义中国百年住宅的基本理念

■ 中国百年住宅是以住宅的全寿命期为基础，在规划、设计、建造、使用、维护和拆除再利用全过程中，通过提高建筑结构的耐久性、居住的安全性、建筑的节能性、功能的适宜性、空间的可变性、设备的可维护性、材料的可循环性、环境的洁净性、建造的集成性和配套的完善性，实现居住与环境和谐共生，可持续发展的优质住宅。

2. 规范中国百年住宅的建设工作

■ 百年住宅作为新型长寿化、高品质建设与供给住宅的代名词，已建成的国内百年住宅示范项目成为业内学习交流的经典样板，其背后蕴含的品牌价值和影响力持续增加。《百年住宅建筑设计与评价标准》的颁布将促进百年住宅的进一步推广，指导和规范百年住宅的相关建设工作。

3. 明确中国百年住宅的建筑体系

■ 百年住宅的技术支撑体系就是新型工业化的建筑通用体系。中国百年住宅建设技术体系包括四个方面：建设产业化、建筑长寿化、品质优良化、绿色低碳化。标准的编制有利于明确百年住宅的建设技术体系，对技术进行整体规范化管理。

4. 确定中国百年住宅的技术体系

■ 本标准在明确百年住宅的建设技术体系之外，还对百年住宅技术体系下的核心技术要点进行了充分地梳理总结，为指导我国百年住宅建设提供了依据。

百年住宅建设供给的支撑体系是新型工业化住宅的建筑通用体系。中国百年住宅的标杆与技术体系包括四个方面：建设产业化、建筑长寿化、品质优良化、绿色低碳化。《标准》的编制明确了百年住宅的建设技术体系并确定了百年住宅的技术要点。《标准》的出台为百年住宅的建设提供规范准则和技术依据，指导百年住宅的设计建造，从而确保百年住宅正常有效的建设，保证住宅的品质质量。《标准》的制定为我国住宅工业化和产业现代化提供了技术支撑，推动了住宅建筑工业化的发展，可全面提高建筑的环境效益、社会效益和经济效益。

编制背景

1. 国家现行政策要求	贯彻执行国家、行业、地方的有关法律、法规和方针、政策
2. 新型住宅转型发展要求	突出新型工业化、长寿化、低碳化、可持续等主题理念
3. 住宅标准化要求	以行之有效的生产、建设经验和科学技术的综合成果为基础
4. 住宅技术集成要求	兼容新技术、新工艺、新设备和新材料，适应新的技术要求
5. 技术民主性的要求	充分发扬技术民主，与各个方面协商一致，共同确认
6. 可持续性发展要求	合理利用资源、节约能源，做到技术先进、经济合理、安全适用
7. 现行技术标准要求	做好与现行相关标准之间的协调，并推行高质量标准实施

标准体系

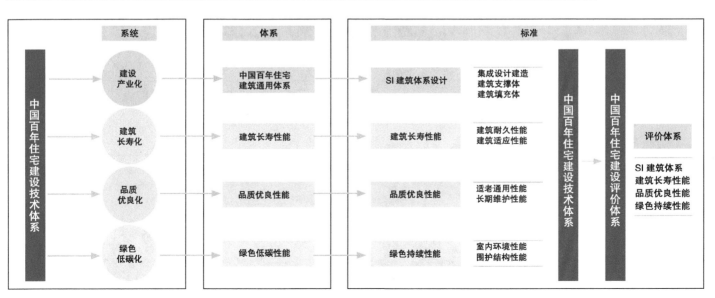

■ 社会、行业与市场角度的意义

社会角度

百年住宅建设和推广，以实现长寿化的可持续建设为最终目标，从资源和环境的可持续发展出发，以实现我国住宅从资源消耗型向资产持续型升级建设。百年住宅示范工程是做到降低地球环境负荷和资源消耗的建筑全寿命期住宅，是满足不同居住者的居住需求和生活方式、便于更新和改造的长寿化住宅；既有利于节约建筑资源和全社会财富，又能对社会和谐、环境保护和产业的可持续发展起到推动作用。

中国建设科技集团·绿色科技宜居·住宅样板间

行业角度

对房地产开发建设行业和开发商而言，住宅可持续建设已成为必然趋势，也是促进建筑行业走向可持续发展之路的必然途径。百年住宅推进住宅产业现代化发展，使得住宅生产方式发生根本性变革，是实现住宅产业由传统建筑业向现代制造业转变的关键所在。建设长寿命、好性能、绿色低碳的百年住宅，不仅是行业转型升级、提升发展质量的迫切需要，也是破解房地产业所面临的资源环境压力的必由之路。

需求角度

从房地产开发与供需市场来看，短寿命、低品质、劣性能的产品问题日趋激化，住宅的长久质量与宜居价值对于消费者、开发商，无疑都是关注的焦点。住房是家庭价值量最大的财产，而住宅则是社会的宝贵财富。百年住宅新理念与新技术创新下，展现的是家庭全生命周期内高品质住宅所应具备的可持续价值。

北京众美大兴公租房项目

百年住宅的研究实践历程
Research & Practice of Longlife Sustainable Housing

创立与发展	国民经济和社会发展第十一个五年计划	国民经济和社会发展第十二个五年计划	
	（2006 ~ 2010）创建与探索	（2011 ~ 2015）研发与实践	
研究与创新	2006 国家十一五科技支撑计划课题《绿色建筑全生命周期设计关键技术》：雅世合金公寓示范项目 2008 建设部《中日 JICA 住宅合作研究》二十周年 日本 SI 技术调研，国际可持续住宅调研 "百年住居 LC（Lifecircle Housing System）工业化住宅体系" 2010《CSI 住宅建设技术导则》发布 2010《装配式住宅建筑设计规程》立项 2010《公共租赁住房建设标准》立项 2010《海尔内装工业化体系开发研究》启动	国家十二五科技支撑计划项目《保障性住房工业化设计建造关键技术研究与示范》 《老年住宅设计手册》出版 住建部《公共租赁住房优秀设计方案汇编》 中日合作公租房标准化和部品化研发 2011 住博会·中国住宅设计与技术趋势研究 2011《公共租赁住房产业化实践》出版 2011《北京市公租房建造与工法集成》	2012 年第 4 期《建筑学报》住宅工业化特辑 日本住宅部品体系等产业调研 日本公团技术调研，韩国、新加坡、中国台湾、中国香港保障房调研 国外住宅建筑工业化调研 2012 国家标准设计《老年人居住建筑》图集·适老化部品研发	《中国百年建筑评价指标体系研究》出版 2013 住建部《建筑产业现代化建筑与部品体系研究》启动 2013 标准院《中国百年住宅技术体系研究》立项 2013《涉老设施建设标准关键技术和标准体系研究》启动 2013 中房协《老年宜居社区建设试点项目评价体系》 2013 国家标准设计《社区老年人日间照料中心样图》
学术与推广	2006 第二届中日建筑住宅技术交流会（中国·昆山） 2008 第三届建筑住宅技术交流会（日本·东京）中日技术集成住宅 2009 第八届中国国际住宅产业博览会：主题示范展"明日之家 1 号"："百年住居"的可持续住居理念——北京·雅世合金公寓为原型 2009 首届中国房地产科学发展论坛：提高住宅品质和使用寿命 2010 中日百年住宅高峰论坛（中国·杭州）提出"建设百年住宅"倡议	2011 第十届中国国际住宅产业博览会主题示范展："明日之家 2011"：公共租赁住房 SI 体系——北京·众美公共租赁住房 2011 第十届中日韩住房问题研讨会（韩国·昌原）：SI 住宅建设供给的研究实践 2011 博洛尼《中国居住生活方式研究》发布	2012 可持续居住与住宅产业化技术发展论坛（中国·北京） 2012 中日住宅产业会议：中国房地产业协会和日本日中建筑住宅产业化协会签署《中日住宅示范项目建设合作意向书》，首批百年住宅示范项目签约	2013 中国可持续居住与住宅产业化技术论坛（中国·北京） 专题：建筑长寿化与适老化 2013 住建部全国保障性住房建设会议

百年住宅示范项目

第一批 百年住宅示范项目

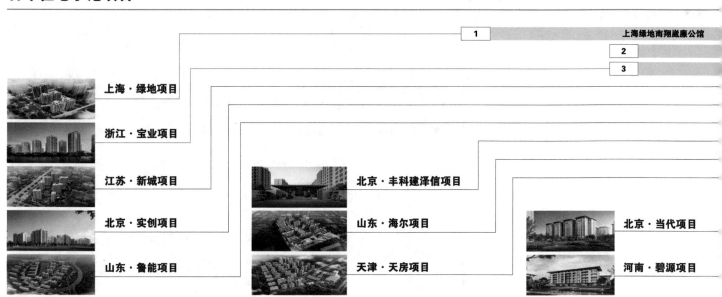

1   上海绿地南翔崴廉公馆
2
3

上海·绿地项目
浙江·宝业项目
江苏·新城项目   北京·丰科建泽信项目
北京·实创项目   山东·海尔项目   北京·当代项目
山东·鲁能项目   天津·天房项目   河南·碧源项目

国民经济和社会发展第十二个五年计划

（2011 ～ 2015）研发与实践

2014《绿色保障性住房建设与发展研究——全国保障性住房推进绿色建筑建设工作与产业化实践研究报告》

2014《建筑学报》住宅内装工业化专辑

2014《绿色保障性住房技术导则》

2014 国家标准设计《装配式混凝土结构住宅建筑设计示例（剪力墙结构）》九本图集启动

2014 山东《关于推进新型城镇化发展的意见》提出建设百年住宅

《SI 住宅与住房建设模式 理论·方法·案例》、《SI 住宅与住房建设模式 体系·技术·图解》著作

欧美开放建筑与可持续住宅研究调研

2015 国家标准设计《整体收纳、整体卫浴、整体厨房图集》启动

2015 住建部《建筑产业现代化发展纲要》研究

2014 第六届中国房地产科学发展论坛（中国·天津）：国际开放建筑论坛

2014 第六届中日建筑住宅技术交流会（中国·上海）

2014 中欧建筑节能政策与战略研讨会：保障性住房标准化与工业化

2014 第十三届国际住宅产业博览会："明日之家"首个内装工业化样板间亮相——上海绿地百年住宅为原型

2015 第七届中国房地产科学发展论坛（中国·天津）：中国百年住宅产业联盟成立，第二批百年住宅示范项目签约

2015 苏黎世开放建筑国际大会中国河北建筑主题演讲

2015 中日装配式混凝土建筑技术交流会（中国·上海）

2015 第十一届国际绿建大会：内装工业化样板间

国民经济和社会发展第十三个五年计划

（2016 ～ ）多样化发展

2016 百年住宅项目入选中国科协创新驱动新动力工程示范项目

首开寸草学知园项目：既有建筑的 SI 体系研发

国外可持续住区调研

既有建筑可持续更新调研

国外适老化部品调研

2016《装配式建筑必读》全装修专篇

2017 百年住宅项目入选中国科协创新驱动助力工程示范项目

2017《国际可持续住区对比研究》

2017《建筑设计资料集》（第 3 版）工业化住宅专辑

2017 新加坡 "Build Tech Asia 亚洲建筑技术展" 中国建筑科技集团内装工业化样板间海外参展

2017《城镇公寓建筑设计规程》启动

《百年住宅建筑设计与评价标准》于 2018 年 8 月 1 日起施行

2018《绿色住区标准》修编

2018 上海市工程技术规范《住宅室内装配式装修工程技术标准》发布

2018 中国建筑学会·学科前沿之——产业现代化背景下的建筑工业化发展战略研究

2018《养老介护设施建设标准》启动

2016 北京开放建筑发展与实践国际论坛

2016 开放建筑发展与实践国际论坛（中国·北京）

2016 第七届中日建筑技术交流会

2016 首届既有住宅改造产业化技术国际论坛（中国·北京）：日本 UR 都市机构 JS 日本综合住生活株式会社

2017 第九届中国房地产科学发展论坛（中国·成都）：第三批百年住宅示范项目签约

2017 第十五届中日韩住区问题国际会议（日本·东京）：首开寸草学知园既有建筑工业化建造体系

2017 十八大 "砥砺奋进的五年" 大型成就展：北京青棠湾公租房入选

2017 央企创新成就展：中国建筑科技集团 "新四化" 标杆住宅 "绿色·科技·宜居" 样板间

2018 中国房地产优采供应链管理创新大会：百年住宅部品供采平台发布

2018 第九届中国人居环境高峰论坛（中国·晋江）：绿色可持续住区研究

2018 北京市和河南省启动百年住宅标准研究和试点工程工作

2018 国家标准设计《〈装配式住宅建筑设计标准〉图示》启动

第二批 百年住宅示范项目　　　　第三批 百年住宅示范项目

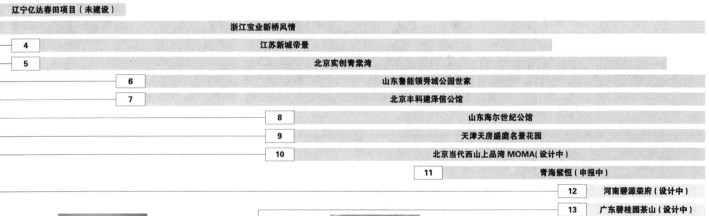

辽宁亿达春田项目（未建设）

浙江宝业新桥风情

4　　江苏新城帝景

5　　北京实创青棠湾

6　　　山东鲁能领秀城公园世家

7　　　北京丰科建泽信公馆

8　　山东海尔世纪公馆

9　　天津天房盛庭名景花园

10　　北京当代西山上品湾 MOMA（设计中）

11　　青海紫恒（申报中）

12　河南碧源荣府（设计中）

13　广东碧桂园茶山（设计中）

14　绿城中国（申报中）

15　山东创业（申报中）

16　北京城建朝青知筑（设计中）

 广东·碧桂园项目　　 北京·城建项目

百年住宅的项目研发实践，通过组织开发建设、设计研发、大专院校、生产施工和部品部件等国内外机构进行技术交流，推动百年住宅和产业技术进步。举办中国房地产科学发展论坛、住宅产业化技术交流会、设计建造技术培训、百年住宅项目学习参观等活动，提升了百年住宅全产业链的建设能力，设计研发不断取得新的突破。

在国内举办的国际交流活动中，邀请了美国、德国、新加坡、荷兰、日本、韩国的国外知名专家以及内地和香港的专家，研讨最新可持续技术成果。

在国内百年住宅研发实践上，每年多次组织参观百年住宅示范项目性能体验及工法展示馆，协同推进交流合作。

通过考察、交流国际住宅建设的先进理念和技术，推动我国住宅的生产方式转型，推进住宅产业现代化步伐，建设以高质量水准为特征的绿色低碳型百年住宅建筑。项目研发团队按不同主题组织了数十次大规模赴国外住宅建设技术调研：赴日本进行 SI 技术调研、可持续住宅调研和公团技术调研；赴韩国、新加坡进行保障房调研；赴欧美进行开放住宅研究调研、住宅建筑工业化调研、可持续住区调研、既有建筑可持续更新调研等。

多次赴国外进行技术调研，使百年住宅建设技术与国际住宅建设的前沿技术研发保持紧密联系，不断完善创新我国住宅技术研发实践和建设体系。

百年住宅产业联盟

Industry Alliance of Longlife Sustainable Housing

为使百年住宅的全行业产业链深度合作，促进百年住宅整合创新成果，提升技术创新能力，积极推动百年住宅理念的推广与实施，2014 年 10 月 15 日由绿地集团发起创建百年住宅产业联盟。其后在 2015 第七届中国房地产科学发展论坛上，中国房地产业协会与中国建筑标准设计研究院共同发出倡议，正式成立百年住宅产业联盟。

联盟成立的目标是建立一个以全产业链企事业单位为主体，市场为导向，政、产、学、研、商相结合的百年住宅产业联盟。联盟成员将包括开发建设、设计研发、大专院

校、施工、部品生产等国内外机构。充分发挥成员单位的优势，共同开展项目的研发实践、标准制定、技术攻关、对外合作等工作，实现行业上下游产业链的全面对接，促进百年住宅可持续发展，共同推动实现住宅建设供给的转型升级。通过技术创新，凝聚行业力量与智慧，共同建设我们的美丽家园。

联盟持续发展壮大并吸纳了更多机构参与到百年住宅技术研发与项目实践中来；搭建了全社会行业集成创新和交流合作的全方位、全产业平台，推动创新成果与行业深度融合，促进科技转化与推广应用。

百年住宅性能体验及工法展示馆

Showroom for Performance Experience and Method of Construction of Longlife Sustainable Housing

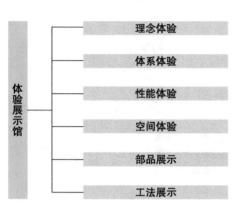

体验展示馆

- 理念体验
- 体系体验
- 性能体验
- 空间体验
- 部品展示
- 工法展示

		技术要点	实景照片			技术要点	实景照片
1	架空系统	①卫生间集中降板,架空地面处理;②卫生间之外的地面不做架空处理;③采用架空层敷线方式;④减少结构墙体与内装部品之间的安装误差;⑤实现内装整体部品定制生产		6	通风系统	全热交换式除霾新风系统	
2	隔墙系统	①在设计上为灵活分隔提供可能;②将来变化空间的分隔更加容易;③建筑物自身轻量化、桩基、主体结构的成本可有效降低		7	设备系统	①采用干式整体工业化施工;②便于维修管理;③便于将来更换管道	
3	给水系统	①给水管线位于架空空间内;②使用给水分水器,均衡水压,避免漏水		8	检修系统	①在关键设备部品及接口处设置检修口;②便于管道的检修、维护和更新	
4	排水系统	①采用同层排水技术;②邻近用水空间设置排水立管;③单立管排水减少空间占用		9	部品系统	①起居室和卧室背景墙选用环保型调湿面板,可调节空气湿度同时吸收有害气体;②采用环保型壁纸	
5	电气系统	①开关和插座的高度符合适老化设计;②采用LED节能灯;③综合布线规整吊顶空间		10	工法系统	①工业化生产,板材一次成型,提高良品率;②降低现场调整的工程量,缩短人工操作的时间;③拼缝处进行精细化设计,减少现场手工作业	

上海绿地百年住宅体验展示馆

■ 项目内装部品集成样板间

百年住宅体验馆及工法展示馆作为百年住宅建设推广和技术交流的重要窗口，包含以下内容：

百年住宅套型体验展示；

百年住宅技术体系详解；

百年住宅建造工法剖析；

百年住宅集成部品运用。

山东鲁能和浙江宝业百年住宅体验展示馆

■ 项目外围护系统实体工法样板间

百年住宅外围护系统实体工法样板间
作为百年住宅建设示范和技术交流的重要
窗口，包含了以下内容：

百年住宅外围护系统建造工法剖析；
百年住宅外围护部品的集成技术运用。

山东鲁能百年住宅 ALC 技术与工法样板间

■ 项目 SI 管线分离实体工法样板间

　　百年住宅 SI 管线分离实体工法样板间作为百年住宅建设示范和技术交流的重要窗口，包含了以下内容：

　　百年住宅架空地板管线分离工法剖析；
　　百年住宅架空吊顶管线分离工法剖析；
　　百年住宅架空墙体管线分离工法剖析；
　　百年住宅轻质隔墙管线分离工法剖析。

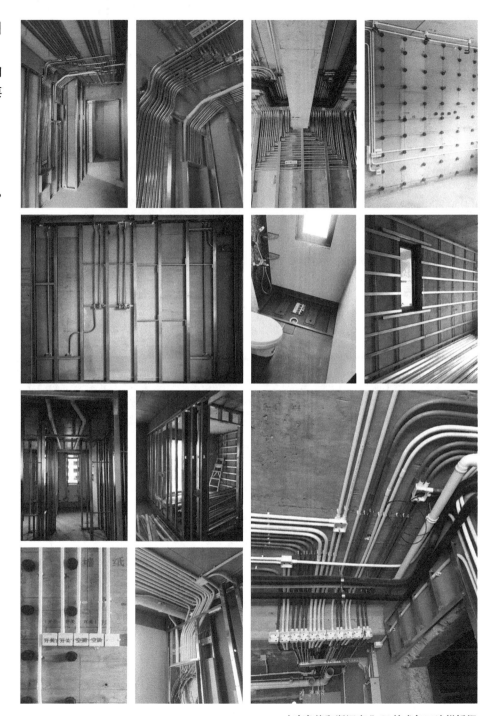

山东鲁能和浙江宝业 SI 技术与工法样板间

02

百年住宅·方法篇

Method

绿色可持续建设理念
Philosophy of Green and Sustainable Construction

■ OB 体系 · OB 建筑 · OB 供给

OB（Open Building）体系与方法是在 SAR 支撑体住宅的支撑体和可分单元等概念、理论和实践的基础上提出的。开放建筑理论及体系发展出的支撑体体系、填充体体系和外围护体系等几个集成附属体系（Subsystem）所构成的基本理念，具有集成附属体系的特征和方法。集成附属体系指的是将设计建造条件转化为规定性能的集合单位，且不同企业所生产的集成附属体系具有互换性，从而构成开放建筑。从概念和用语上来看，Open Building 从 Open System 演变而来，包含着谁都能参与、谁都能生产的基本内涵。

20 世纪 90 年代中期，国际建筑与建设研究创新理事会 CIB（International Council for Research and Innovation in Building and Construction） 设立了 Open Building 的专门机构 —— 开放建筑委员会（W104 Open Building Implementation）。在其成立的二十多年里，该委员会推动了开放建筑体系在国际上的研究和实践，使得开放建筑体系获得了重大发展。

在 OB 体系中，使用者自身是环境控制的主体，建筑被指定为承接性容器，作为可长期持续变化的物体而存在。例如，在房地产开发中，通过交通核的位置选择和走廊的配置等方式使建筑具备长期应变性，从而使建筑兼具居住、办公与商业等复合用途成为可能。作为个体构成的城市住区集合体的社区对环境的决定方法，对应整个发展过程的专家介入方法等，成为开放建筑的重要研究课题。

在开放建筑的范畴，填充体体系与方法在国际上获得瞩目并得以广泛应用，其工业化的住宅部品也有助于解决既有住宅改造中亟待解决的重大课题。填充体体系与方法的应用，既保障了住宅的可变性和居住性能的提升，也使得住宅建设模式向长寿化和资源有效利用的可持续方向发展。

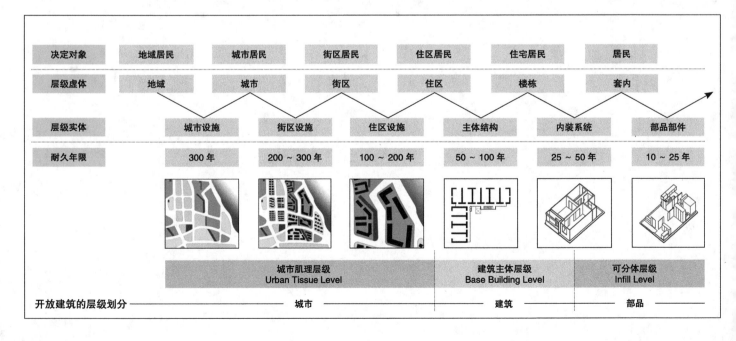

决定对象	地域居民	城市居民	街区居民	住区居民	住宅居民	居民
层级虚体	地域	城市	街区	住区	楼栋	套内
层级实体	城市设施	街区设施	住区设施	主体结构	内装系统	部品部件
耐久年限	300 年	200～300 年	100～200 年	50～100 年	25～50 年	10～25 年

城市肌理层级 Urban Tissue Level　　建筑主体层级 Base Building Level　　可分体层级 Infill Level

开放建筑的层级划分 ——————— 城市 ——————— 建筑 ——————— 部品

SI（Skeleton and Infill）住宅的基本概念是基于 20 世纪 60 年代哈布瑞肯教授提倡的 SAR 支撑体住宅理论与体系，由日本不断发展，形成的新型住宅供给与建设模式、体系和方法。其核心之一是根据工业化生产的合理化，达到居住多样性和适应性的目的。SI 住宅的理论与分级，是居住空间构成的"城市街区层级"和"建筑层级"，甚至是"居住层级" 3 个等级划分。按照各自分级的设计建设特征，SI 住宅空间的构成要素根据"公共"的城市街区体系、"共同"的支撑体体系和"住户"的填充体体系（内装、设备管线）来划分；其基本概念广泛应用于城市住宅的设计、建设和管理运营等方面。SI 住宅体系区别于一般单纯的建筑技术、手段或方式，SI 住宅体系拥有独特、创新的实践基础，保证了 SI 住宅的现实可行性。

支撑体 S（Skeleton 原指骨架体，广义为支撑体）指住宅的主体结构（梁、板、柱、承重墙）、共用部分的设备管线，以及公共走廊和公共楼电梯等公共部分，具有 100 年以上的耐久性。支撑体属于公共部分，是住宅所有居住者的共有财产，其设计决策权属于开发方与设计方。公共部分的管理和维护由物业方提供。

具有耐久性的支撑体是 SI 住宅体系工业化住宅的基础和前提，提高了住宅在建筑全寿命期内的资产价值。住宅可持续发展建设依赖于建筑主体结构的坚固性，SI 住宅体系中具有耐久性的支撑体部分大幅增加了主体结构的安全系数。通过支撑体划分套内界限，也为实现可变居住空间创造了有利条件。

填充体 I（Infill）指住宅套内的内装部品、专用部分设备管线、内隔墙（非承重墙）

等自用部分和分户墙（非承重墙）、外墙（非承重墙）、外窗等围合自用部分等，具有灵活性与适应性。自用部分是居住者的私有财产，其设计决策权属于居住者。围合自用部分虽然供居住者使用，但不可能由某一个居住者决定，其设计决策权需要与相邻居住者、物业方共同协调。非承重的外墙（剪力墙等承重外墙则属于支撑体体系）展现了住宅的外观形象，会随着环境的变化和时间的推移发生改变。

具有灵活性与适应性的填充体是 SI 住宅体系的发展途径，提高了住宅在建筑全寿命期内的使用价值。住宅可持续发展建设需要首先考虑人的因素，以居住者的需求为出发点，平衡建筑的功能与形式。

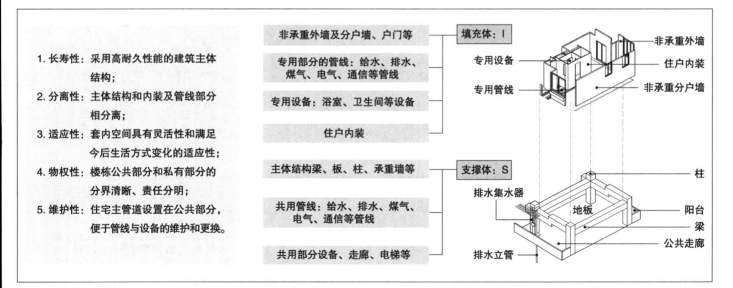

1. 长寿性：采用高耐久性能的建筑主体结构；

2. 分离性：主体结构和内装及管线部分相分离；

3. 适应性：套内空间具有灵活性和满足今后生活方式变化的适应性；

4. 物权性：楼栋公共部分和私有部分的分界清晰、责任分明；

5. 维护性：住宅主管道设置在公共部分，便于管线与设备的维护和更换。

SI 住宅的概念

图片来源：《建筑设计资料集（第三版）》。

百年住宅建设与供给模式

Construction and Supply Model of Longlife Sustainable Housing

■ 建筑通用体系·LSH 住宅

　　根据中国房地产业协会和日本日中建筑住宅产业协议会签署的《中日住宅示范项目建设合作意向书》，为加强项目实施的系统性安排，委托中国建设科技集团股份有限公司（集团）的中国建筑标准设计研究院有限公司负责示范项目的组织管理、技术研发和设计实施工作，并进行百年住宅建设项目的系统集成和整体推进。

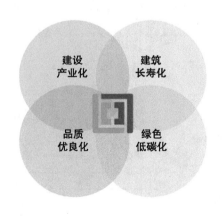

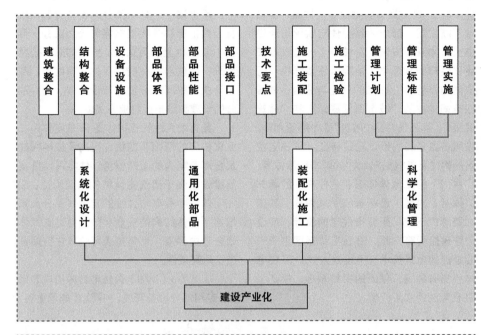

百年住宅建设技术体系

■ 建筑通用体系·LSH 住宅

百年住宅是以建筑全寿命期的理念为基础，围绕保证住宅性能和品质的规划设计、施工建造、维护使用和再生改建等技术的新型工业化体系与应用集成技术。力求全面实现建设产业化、建筑长寿化、品质优良化和绿色低碳化，提高住宅的综合价值，建设可持续居住的人居环境。

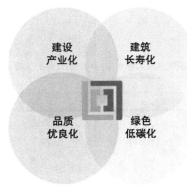

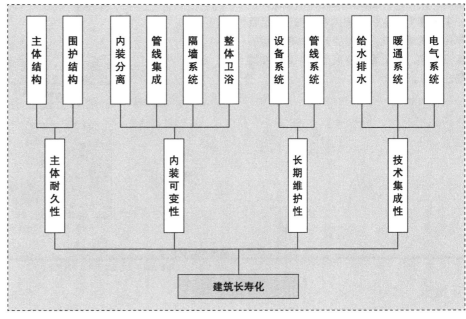

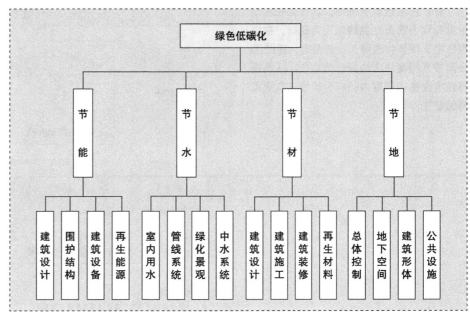

■ 建设产业化

　　百年住宅的建设产业化，保证施工品质，促进新型建造方式的升级。旨在通过住宅产业化，有组织地实施标准化设计，分步骤落实工业化建造技术，充分满足百年住宅质量优良、效率提升、绿色环保的建设要求，以及居住者高品质、高标准的居住需求。

建设产业化			
设计标准化	 楼栋标准化	 套型标准化	 部品标准化
建造工业化	 主体工业化	 内装工业化	 围护结构装配化

建筑产业化内容
图片来源：《绿地集团百年住宅建设技术体系研究报告》。

■ 建筑长寿化

　　百年住宅建筑长寿化，以保证住宅全生命周期内质量性能的稳定为基础，在提高住宅支撑体物理耐久性的同时，通过 SI 分离技术提高住宅的居住适应性，从而提高住宅全生命周期内的综合价值，实现可持续居住。

建筑长寿化			
主体耐久性	主体结构耐久性	 围护结构耐久性	 构配件耐久性
内装可变性	 大空间结构体系	 管线设备集成体系	 内装分离体系

建筑长寿化内容
图片来源：《绿地集团百年住宅建设技术体系研究报告》。

■ 品质优良化

百年住宅的品质优良化，提升居住品质和住宅性能。通过对不同层次居住者生活模式的设定，对套型适用性与健康性要点进行归纳，提出了住宅品质优良化整体解决方案。针对老龄社会的课题，提出了适老通用性技术解决方案；既可满足以老年人为主的行为不便人士的使用需求，也可为所有使用者提供便利。

品质优良化			
健康舒适性	空间舒适性	居住舒适性	居住健康性
适老通用性	使用安全性	生活方便性	设计通用性

品质优良化内容
图片来源：《绿地集团百年住宅建设技术体系研究报告》。

■ 绿色低碳化

百年住宅的绿色低碳化，对建筑整体及整个住区提出了综合优化技术解决方案，通过系统完整的技术集成措施，完善居住空间（环境）性能。使建筑在满足使用需要的基础上，最大限度地减轻环境负荷，满足人们对可持续性绿色低碳居住环境的需求，适应住房宜居健康需求变化，最终实现绿色生活的可持续发展建设目标。

绿色低碳化			
建筑节能性	节能设计	节电技术	节水技术
外围护耐久性	遮阳技术	环保建材	设计技术

绿色低碳化内容
图片来源：《绿地集团百年住宅建设技术体系研究报告》。

百年住宅标准与技术体系

Standards and Technical System of Longlife Sustainable Housing

■ 中国房地产业协会首发百年住宅（LSH住宅）标准

中国工程建设标准化协会发布的"建标协字〔2015〕044号文"《关于印发2015年第一批工程建设协会标准制订、修订计划的通知》，由中国房地产业协会负责，中国建筑标准设计研究院有限公司会同住宅建设领域全产业链优秀专家和团队六十余家单位，共同编制工程协会标准《百年住宅建筑设计与评价标准》。

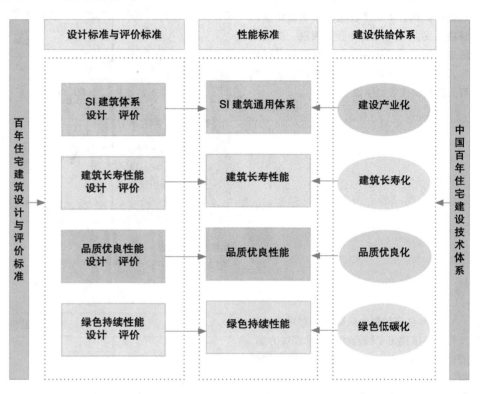

百年住宅建筑——设计与评价标准			
SI建筑体系设计	建筑长寿性能设计	品质优良性能设计	绿色持续性能设计
4.1 一般规定	5.1 一般规定	6.1 一般规定	7.1 一般规定
4.2 集成设计建造	5.2 建筑耐久性能	6.2 适老通用性能	7.2 室内环境性能
4.3 建筑支撑体	5.3 建筑适应性能	6.3 长期维护性能	7.3 围护结构性能
4.4 建筑填充体			

■ 标准编制意义

本标准的编制意义：

1. 定义我国百年住宅的理念；

2. 规范我国百年住宅的建设；

3. 明确我国百年住宅的建设体系；

4. 确定我国百年住宅的技术标准。

本标准的出台将为百年住宅的建设提供建设理念、方法和技术支撑保障，指导百年住宅的设计建造，保证住宅全寿命期的可持续品质和质量，推动住宅开发建设与供给转型和产业现代化的发展。

百年住宅建筑——性能标准			
8.2 SI 建筑体系评价	8.3 建筑长寿性能评价	8.4 品质优良性能评价	8.5 绿色持续性能评价
SI 建筑体系	建筑耐久性能	适老通用性能	室内环境性能
标准化设计	建筑适应性能	长期维护性能	围护结构性能
工业化建造	防震防灾技术	适用性能	节能体系
SI 部品与技术	耐久性技术	安全防范	节水体系
内装部品技术	适应性技术	环境性能	节地体系
		舒适技术	节材体系
		适老通用技术	室内环境技术
		维护更新技术	围护结构技术

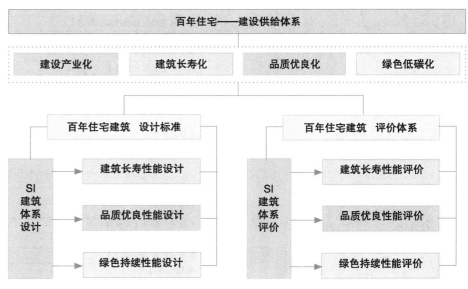

■ SI 建筑体系

工业化设计建造是生产方式的工业化，是建筑生产方式的变革；主要解决百年住宅建造过程中的生产方式问题，有效发挥工厂生产的优势，建立从建筑科研、设计、部品部件生产、施工安装等全过程实施管理的系统。采用 SI 建筑体系的设计建造集成技术是整个建筑产业链的一次跨越式发展，是解决全产业链、全寿命期的发展问题；解决了住宅生产建造过程的连续性问题，使资源和效益最优化。

百年住宅应以 SI 建筑的工业化生产建造方式为原则，做好建筑设计、生产运输、装配施工、运营维护等产业链各阶段的设计协同，有利于设计和施工建造的相互衔接，保障生产效率和工程质量。

序号	评价项目	分项		主要集成技术	层级划分
1	SI 建筑体系	建筑体系	A01	SI 建筑体系集成设计建造	★★★
		内装体系	A02	SI 建筑内装体系集成设计建造	★★★
2	标准化设计	标准化技术	A03	楼栋标准化设计	★★★
			A04	套型标准化设计	★★★
			A05	厨卫空间标准化设计	★★★
		标准化部品	A06	部品部件标准化设计选型	★★★
3	工业化建造	主体工业化	A07	主体结构预制装配化	★★
			A08	围护结构部品部件预制装配化	★★
		内装工业化	A09	装配式装修	★★★
			A10	干式工法与工艺	★★★
4	SI 部品与技术	部品与工法	A11	部品技术和工法研发应用	★
5	内装部品技术	部品与工法	A12	部品技术和工法研发应用	★

4 SI 建筑体系设计 Design of SI Building Open System

4.1 一般规定
4.1.1 【百年住宅满足建设产业化要求】
4.1.2 【模数协调原则】
4.1.3 【系统协同方法】
4.1.4 【采用建筑信息化技术】

4.2 集成设计建造
4.2.1 【模块化设计】
4.2.2 【大空间布置方式】
4.2.3 【用水空间集中】
4.2.4 【设备及管线集中】
4.2.5 【设备管线一体化集成设计】
4.2.6 【适宜层高】
4.2.7 【立面设计标准化与多样化】
4.2.8 【合理选择外围护系统】
4.2.9 【精细化综合布线设计】
4.2.10 【管线分离方式】

4.3 建筑支撑体
4.3.1 【结构设计使用年限】
4.3.2 【耐久性】
4.3.3 【结构规整性】
4.3.4 【预制部（构）件】
4.3.5 【管道井设计要求】

4.4 建筑填充体
4.4.1 【空间可变性与适应性要求】
4.4.2 【装配式设计与建造要求】
4.4.3 【干式工法施工】
4.4.4 【集成化部品】
4.4.5 【架空层管线集成设计】
4.4.6 【模块化部品】
4.4.7 【电气系统要求】
4.4.8 【设备管线接口标准化】
4.4.9 【干式地暖系统】
4.4.10 【水平排气系统】

建设产业化　建筑长寿化　品质优良化　绿色低碳化

■ 建筑长寿性能

百年住宅应在全寿命期内全面提高住宅建筑支撑体的安全性能、抗震性能和耐久性能。

百年住宅应符合家庭结构的多样化、生活方式的多元化原则，并应满足套型系列化和空间可变性的要求。

对于百年住宅体系的建筑支撑体而言，无论采用哪种结构形式，其耐久年限以达到100年为前提。可以通过基础及结构牢固、加大混凝土保护层厚度、提高混凝土强度等措施，大力提高主体结构的耐久性能。

序号	评价项目	分项		主要集成技术	层级划分
1	建筑耐久性能	高耐久性结构体系	B01	结构设计使用年限100年	★★
			B02	结构耐久性设计年限100年	★★★
		高耐久性外围护系统	B03	围护结构耐久性与抗老化技术	★★★
2	建筑适应性能	大空间体系与可变性	B04	结构大空间布置	★★★
			B05	套内轻质隔墙系统	★★★
		内装技术集成体系	B06	管线分离方式	★★★
			B07	管线设备集成技术	★★
			B08	整体卫浴	★★★
			B09	整体厨房	★★★
			B10	整体收纳	★★
			B11	集成化优良部品	★★
3	防震防灾技术	部品与工法	B12	减隔震和防灾等部品技术应用	★
			B13	防震入户门、阳台防灾逃生口	★
4	耐久性技术	部品与工法	B14	部品技术和工法研发应用	★
5	适应性技术	部品与工法	B15	部品技术和工法研发应用	★

5 建筑长寿性能设计 Design of Longevity Performance of Building

5.1 一般规定	5.2 建筑耐久性能	5.3 建筑适应性能
5.1.1 【支撑体性能】	5.2.1 【混凝土结构住宅支撑体要求】	5.3.1 【居住空间适应性要求】
5.1.2 【可变性能】	5.2.2 【钢结构住宅支撑体要求】	5.3.2 【多种功能适应性要求】
	5.2.3 【建筑形体及其部件布置规则】	5.3.3 【套型适应性设计规定】
	5.2.4 【外围护系统耐久性要求】	

建设产业化　建筑长寿化　品质优良化　绿色低碳化

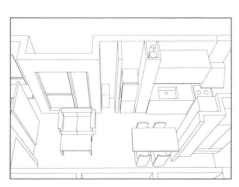

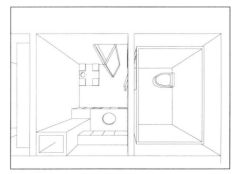

■ 品质优良性能

百年住宅的部品应具有维护管理和检修更换的方便性，其检修更换不应影响建筑支撑体的安全性；部品部件宜设定维修更换年限；应针对设计、施工和使用上的特点，制定定期的日常检查、维护维修计划和长期维护维修计划。

面对当今住宅大量建设和我国人口老龄化的危机，应建立"将满足老龄化要求作为所有住宅的一项通用性品质"的观念，把对老年人的关怀和关注纳入常规建筑设计的基本要求中，为老年人和残疾人提供良好的使用功能空间和条件。

序号	评价项目	分项	主要集成技术		层级划分
1	适老通用性能	共用空间	C01	无障碍室外场所与通道系统	★★★
			C02	无障碍停车场系统	★★
			C03	通用性健身场所系统	★★
			C04	无障碍单元入口与通道系统	★★★
			C05	通用性垂直交通系统	★★★
		套内空间	C06	适老化综合门厅	★★★
			C07	适老化厨房	★★★
			C08	适老化卫浴	★★★
			C09	适老化起居空间	★★★
			C10	适老化综合收纳	★★
			C11	应急呼叫装置	★★★
			C12	无障碍与防滑地面	★★★
			C13	阳台部品等流程	★
2	长期维护性能	资产维护与检修更新	C14	划分部品耐久年限等级	★★
			C15	制定维护维修计划	★★★
			C16	部品部件维护维修时间节点	★★
		公共部分与维修维护	C17	管线集中处设置检修口系统	★★★
			C18	地下车库管理	★★
			C19	智能化系统维护管理	★★
			C20	雨水收集设施维护	★★
3	适用性能	室外环境性能优化技术	C21	室外步行系统设计与技术	★★
			C22	环境空间设计与集成技术	★★
		室内空间性能优化技术	C23	综合式门厅系统	★★★
			C24	系统型收纳系统	★★
			C25	DK餐厨布局系统	★★★
			C26	三分离卫浴系统	★★
			C27	多变性空间系统	★★
			C28	家庭智能化集成技术	★★★
4	安全防范	多重安防	C29	智能安防系统	★★
			C30	智能门禁系统	★★
			C31	电子巡更系统	★
			C32	火灾自动报警系统	★★
			C33	燃气自动报警系统	★★★
5	环境性能	建筑外观	C34	建筑造型简洁	★★★
			C35	与周边环境相协调	★★★
		社区形成与社区设施	C36	公共服务设施与生活设施	★★★
			C37	社区老人活动与服务支援设施	★★★
			C38	社区儿童游戏场地与看护设施	★★★
			C39	垃圾分类存放与收运系统	★★★
			C40	社区健康步道系统	★★
			C41	社区健身设施系统	★★
6	舒适技术	部品与工法	C42	部品技术和工法研发应用	★
			C43	室内空气质量监控系统	★
			C44	厨卫智能坐便等舒适部品	★
7	适老通用技术	部品与工法	C45	部品技术和工法研发应用	★
8	维护更新技术	部品与工法	C46	部品技术和工法研发应用	★

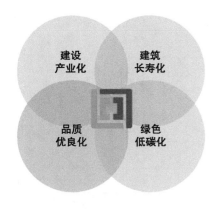

6 品质优良性能设计 Design of Superior Quality Performance

6.1 一般规定

6.1.1 【采用通用设计】

6.1.2 【可维护性】

6.1.3 【符合相应法律规范】

6.2 适老通用性能

6.2.1 【适老化通用部品】

6.2.2 【适老化设计】

6.2.3 【套型无障碍设计】

6.2.4 【适老措施】

6.2.5 【功能与空间便利性与可达性要求】

6.2.6 【插座与开关面板高度要求】

6.3 长期维护性能

6.3.1 【定期维修修缮要求】

6.3.2 【部品部件耐久年限要求】

6.3.3 【长期维修维护计划】

■ 绿色持续性能

绿色低碳的百年住宅立于建筑全寿命期，最大限度地节能、节水、节地、节材，减少污染，保护环境。百年住宅强调住宅建筑的可持续性能，全面系统地解决居住舒适性、健康性和安全性；使建筑在满足使用需要的基础上，最大限度减轻环境负荷，满足人们对可持续性舒适生活环境的需求。

序号	评价项目	分项		主要集成技术	层级划分
1	室内环境性能	环境品质	D01	室内热环境与光环境控制系统	★★
			D02	控制甲醛装修与环保材料系统	★★★
			D03	室内隔声系统	★★★
			D04	新风换气系统	★★★
			D05	室内净水软水系统	★★
		设备设施	D06	同层排水系统与给水分水器系统	★★★
			D07	厨房烟气直排系统	★★
			D08	干式地辐射采暖系统	★★
2	围护结构性能	围护结构	D09	高性能门窗系统	★★★
			D10	围护结构外遮阳系统	★★
			D11	围护结构内保温系统	★★
3	节能体系	建筑体形	D12	体形系数与窗墙比控制	★★★
		建筑设备	D13	全屋 LED 系统、门厅感应系统	★
			D14	能源分项计量与智能化控制系统	★★★
			D15	分时节电系统	★★
		可再生能源利用系统	D16	太阳能热水利用与光伏发电系统	★★
4	节水体系	室内设备	D17	节水器具	★★
		中水系统	D18	分质排水与中水利用系统	★★★
		绿化景观	D19	景观绿化喷滴灌溉系统	★
			D20	环保透水地砖	★★★
			D21	景观水系循环利用	★
		回收利用	D22	雨水回收利用系统	★★
5	节地体系		D23	地下空间合理利用	★★
6	节材体系	再生材料	D24	施工废弃材料再利用	★★
		建筑装修	D25	可循环绿色环保建材选用	★★★
		建筑施工	D26	工厂化部品与技术选用	★★
7	室内环境技术	部品与工法	D27	优良部品技术和工法研发应用	★
8	围护结构技术	部品与工法	D28	优良部品技术和工法研发应用	★

7 绿色持续性能设计 Design of Green and Sustainable Performance

7.1 一般规定	7.2 室内环境性能	7.3 围护结构性能
7.1.1 【四节一环保要求】	7.2.1 【室内环境健康设计】	7.3.1 【热工性能规定】
7.1.2 【室内环境基本要求】	7.2.2 【绿色环保建材】	7.3.2 【外围护墙体保温系统】
7.1.3 【外围护系统综合性要求】	7.2.3 【新风换气系统】	7.3.3 【外墙板形式】
7.1.4 【节能环保部品】	7.2.4 【隔声措施】	7.3.4 【保温装饰一体化外围护系统】
7.1.5 【声环境要求】	7.2.5 【太阳能集成部品】	7.3.5 【外门窗要求】
7.1.6 【家庭能源管理系统】	7.2.6 【自然采光要求】	7.3.6 【批水板集成化部品】
	7.2.7 【直饮水系统】	7.3.7 【遮阳设施的内容】
	7.2.8 【节能型空调产品】	
	7.2.9 【节能型电气照明】	

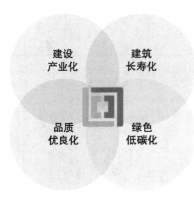

建设
产业化

建筑
长寿化

品质
优良化

绿色
低碳化

03 百年住宅·技术篇
Technology

长寿化集成技术
Durability Integration Technology

■ SI 分离体系关键技术

SI 住宅体系是指住宅的支撑体 S(Skeleton) 和填充体 I(Infill) 完全分离的住宅建设体系，是为了实现住宅长寿化的基本理念。SI 住宅体系在提高了住宅支撑体的物理耐久性使住宅的使用寿命得以延长的同时，既降低了维护管理费用，也控制了资源的消耗。SI 住宅体系在提高结构和主要部品耐久性、设备部品维护更新性和套内空间灵活性与适应性三个方面具有显著特征。

支撑体的概念

	系统	子系统	所有权	设计权	使用权
支撑体	主体结构	梁、板、柱、承重墙	所有居住者的共有财产	开发方与设计方	所有居住者
	共用设备管线	共用管线、共用设备			
	公共部分	公共走廊、公共楼电梯			

填充体的概念

	系统	子系统	所有权	设计权	使用权
填充体	相关共用部分	外墙（非承重墙）、分户墙（非承重墙）、外窗、阳台栏板等	相邻居住者的共有财产	开发方与设计方（视具体情况而定，居住者可以参与）	居住者
	内装部品	各类内装部品			
	套内设备管线	专用管线、专用设备	居住者的私人财产	设计方与居住者	
	自用部分	其他家具等		居住者	

■ 大空间体系关键技术

楼栋规整化：规整化的楼栋提高了套内空间使用率，居住舒适度相应提高，且保证了施工的合理性。

楼栋模块化：套型模块与交通核模块组合成单元，结构简明、布局清晰，套型系列可组合成不同楼栋以适应不同条件。

空间开放性：SI 住宅体系的开放程度越高，全寿命的使用价值也越大，可持续性也就越好。

空间集约性：将所有的空间分类合并，对主要空间和辅助空间加以集中，从而形成可变居住空间。

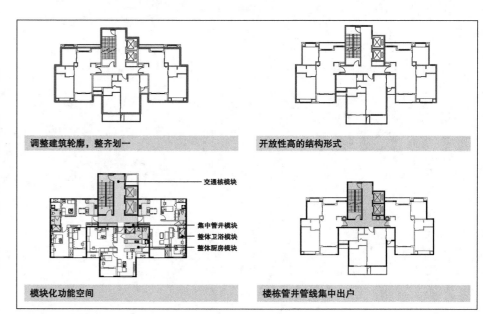

调整建筑轮廓，整齐划一

开放性高的结构形式

模块化功能空间

——交通核模块
——集中管井模块
——整体卫浴模块
——整体厨房模块

楼栋管井管线集中出户

■ 支撑体耐久性关键技术

通过采用加大基础及结构的牢固度、加大钢筋的混凝土保护层厚度、提高混凝土强度等措施,提高主体结构的耐久性能。最大限度地减少结构所占空间,使填充体部分的使用空间得以释放。同时,预留单独的配管配线空间,不把各类管线埋入主体结构,以便检查、更换和增加新设备时不会伤及结构主体。

■ 围护体系耐久性关键技术

外围护系统选择耐久性高的外围护部品,并应根据不同地区的气候条件选择节能措施。在全面提高建筑外围护性能的同时,注重其部品集成技术的耐久性。

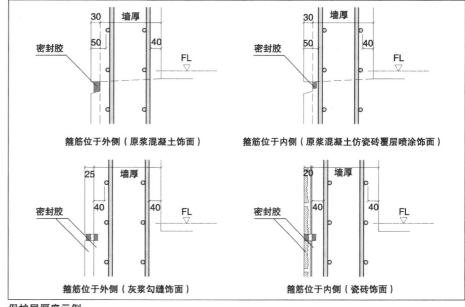

箍筋位于外侧(原浆混凝土饰面)　箍筋位于内侧(原浆混凝土仿瓷砖覆层喷涂饰面)

箍筋位于外侧(灰浆勾缝饰面)　箍筋位于内侧(瓷砖饰面)

保护层厚度示例
图片来源:《住宅设计要点集》。

高性能外窗

蒸压轻质加气混凝土(ALC)板

适应性集成技术
Compatibility Integration Technology

■ 套型系列多样化关键技术

套型设计充分考虑不同家庭结构及居住人口的情况，在同一套型内可实现多种变换。通过设置不同面积、不同居室数目的套型系列来满足用户的多样化需求。

套型1

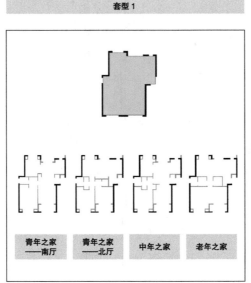

| 青年之家——南厅 | 青年之家——北厅 | 中年之家 | 老年之家 |

套型2

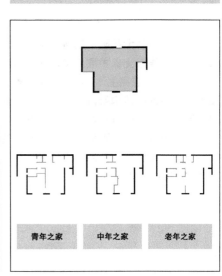

| 青年之家 | 中年之家 | 老年之家 |

■ 空间灵活可变性关键技术

设计应从家庭全生命周期角度出发，采用大空间结构体系，提高内部空间的灵活性与可变性，方便用户今后改造。

内部空间宜采用可实现空间灵活分割的轻质隔墙体系，满足不同用户对空间的多样化需求。

灵活性与适应性主要体现在空间的自由可变和管线设备的可维修更换层面，表现为可进行灵活设计的套型平面、设备的自由选择、轻质隔墙与家具、设备管线易维护更新等。

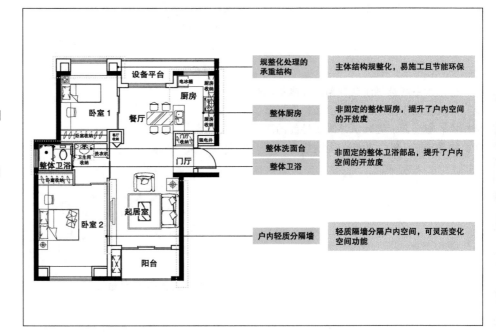

■ 标准化设计关键技术

标准化和多样化并不对立，二者的有机协调配合能够实现标准化前提下的多样性和个性化。可以用标准化的套型模块结合核心筒模块组合出不同的平面形式和建筑形态，创造出多种平面组合类型，为满足规划设计的多样性和适应性要求提供优化的设计。

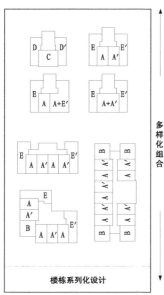

楼栋系列化设计

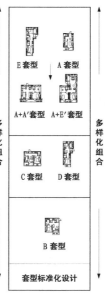

套型标准化设计

模块化部品标准化设计

部件部品定型化和通用化

■ 家庭全生命周期关键技术

居住者对居住空间的使用要求变得更加多元化，对居住品质更加注重。适应家庭全生命周期的住宅设计，应在住宅主体结构不变的前提下，满足不同居住者的居住需求和生活方式变化，适应未来空间的改造和功能布局的变化。

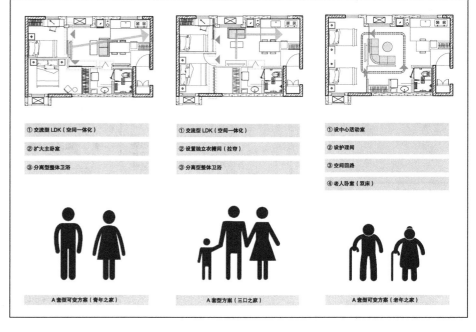

SI 工业化技术与工法

SI Industrialization Technology and Construction Methods

■ SI 内装部品集成技术

　　相对于支撑体部分以耐久性策略来保证建筑的长寿化，填充体部分则采用可变性策略来满足建筑的长寿化。与支撑体使用寿命长达几十年甚至上百年相比，填充体部分要更为直接地应对使用者快速变化的个性化居住要求。其使用周期会短至五年、十年，甚至某些部品部件的更换更为频繁，在支撑体的全生命运行周期内要进行 4～5 次以上的更换。因此，填充体对于建筑长寿化的最好保障，并非局限于其使用寿命的长短，而是可以实现快速、便捷的更换，并尽量避免因填充体的变化而对支撑体的耐久性产生不良影响。

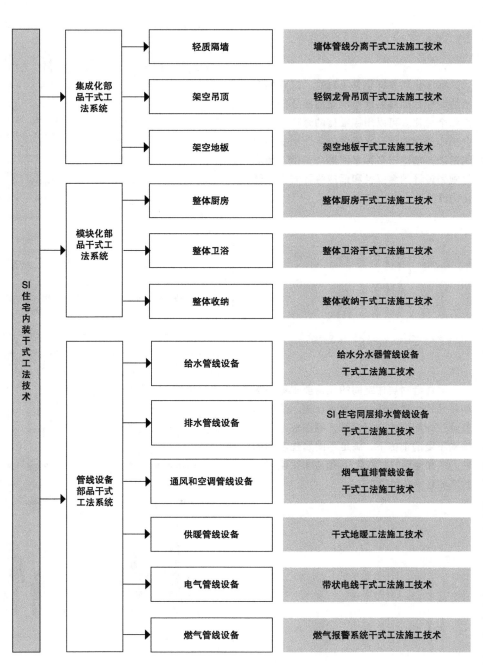

SI 住宅内装干式工法技术

集成化部品干式工法系统
- 轻质隔墙 → 墙体管线分离干式工法施工技术
- 架空吊顶 → 轻钢龙骨吊顶干式工法施工技术
- 架空地板 → 架空地板干式工法施工技术

模块化部品干式工法系统
- 整体厨房 → 整体厨房干式工法施工技术
- 整体卫浴 → 整体卫浴干式工法施工技术
- 整体收纳 → 整体收纳干式工法施工技术

管线设备部品干式工法系统
- 给水管线设备 → 给水分水器管线设备干式工法施工技术
- 排水管线设备 → SI 住宅同层排水管线设备干式工法施工技术
- 通风和空调管线设备 → 烟气直排管线设备干式工法施工技术
- 供暖管线设备 → 干式地暖工法施工技术
- 电气管线设备 → 带状电线干式工法施工技术
- 燃气管线设备 → 燃气报警系统干式工法施工技术

■ SI 部品干式工法集成技术

在 SI 住宅体系中，干法施工技法和各种集成技术的应用，不仅是出于对部品体系工业化生产的考虑，更是实现可变性策略的技术手段。

■ 集成化部品关键技术

架空地板·部品

通过在结构楼板上采用树脂或金属螺栓支撑脚，在支撑脚上再敷设衬板及地板面层形成架空层。

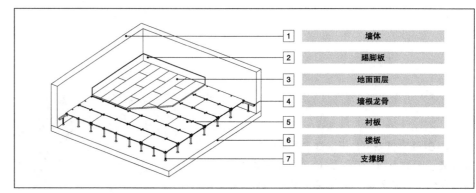

1	墙体
2	踢脚板
3	地面面层
4	墙根龙骨
5	衬板
6	楼板
7	支撑脚

架空吊顶·部品

通过在结构楼板下采用吊挂装饰吊顶板，并在其架空层内敷设设备及电气管线，安装照明设备等。

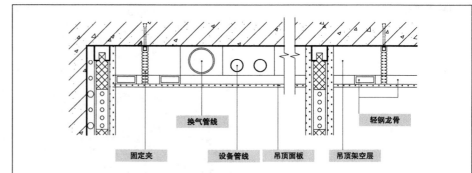

架空墙体·部品

是由工厂生产的具有隔声、防火或防潮等性能且满足空间和功能要求的墙体集成部品。其做法是在外墙室内侧采用树脂螺栓或轻钢龙骨，外贴墙板，并在其架空层内敷设设备及电气管线等。

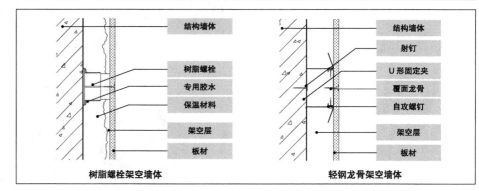

轻质隔墙·部品

是由工厂生产的具有隔声、防火或防潮等性能且满足空间和功能要求的装配式隔墙集成部品。并在其内部敷设设备及电气管线等。

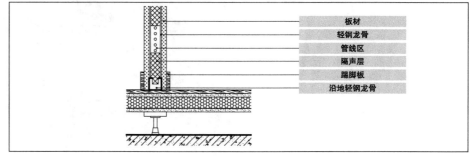

■ 模块化部品关键技术

整体卫浴·部品

　　整体卫浴是由工厂生产、现场装配，满足洗浴、盥洗和如厕等功能要求的基本单元，是模块化的部品；配置了卫生洁具和设备管线，由墙板、防水底盘、顶板等构成。具有防水性能好、安装速度快、健康环保等特性。

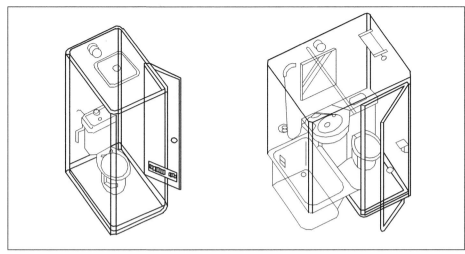

整体厨房·部品

　　整体厨房是由工厂生产、现场装配，满足炊事活动功能要求的基本单元，是模块化的部品；配置了整体橱柜、灶具、抽油烟机等设备及管线。

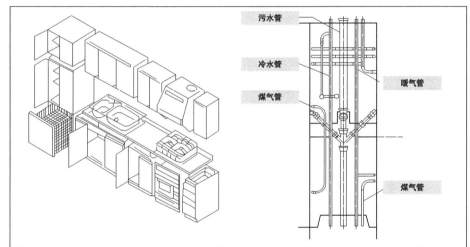

整体收纳·部品

　　整体收纳是由工厂生产、现场装配，满足不同套内功能空间分类储藏要求的基本单元，是模块化的部品。

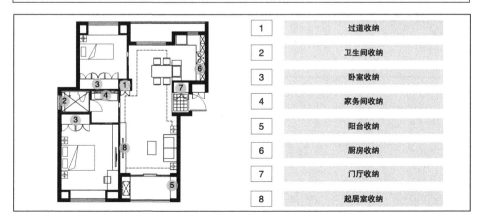

1	过道收纳
2	卫生间收纳
3	卧室收纳
4	家务间收纳
5	阳台收纳
6	厨房收纳
7	门厅收纳
8	起居室收纳

■ 集成化工法关键技术

故障检修技术

故障检修要求在关键设备部品及接口处设置检修口，便于管道的检修、维护和更新。

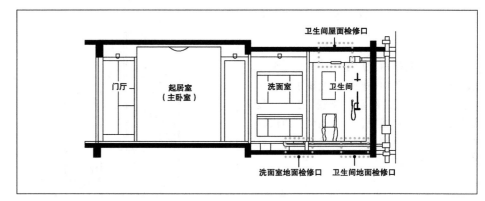

内保温技术

内保温的集成技术解决方案既可解决传统外保温方式的外立面耐久性问题，也可为墙内侧的管线分离创造条件。

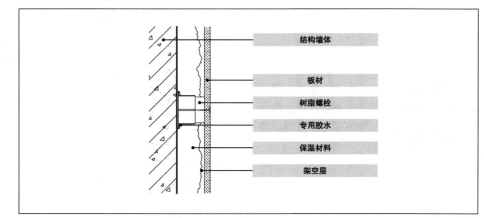

烟气直排技术

烟气直排不采用排烟道集中排烟，而将抽油烟机的排烟口直接设置在厨房外墙上，各户独立完成排烟。为了减轻油烟对外墙的污染，应采用集成部品。

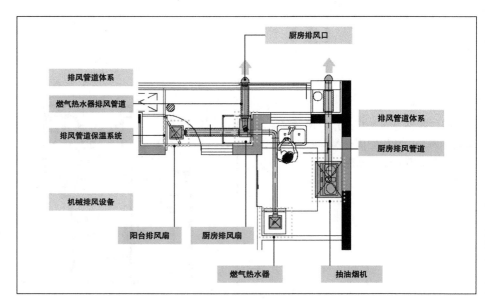

集中管井技术

集中管井在建筑的公共区域设置，根据用水等功能空间并考虑结构等因素，进行一体化集成设计；应尽量集中布置，集中管井及共用设备管线应尽量布置在共用空间内，从而减少对户内空间的干扰。

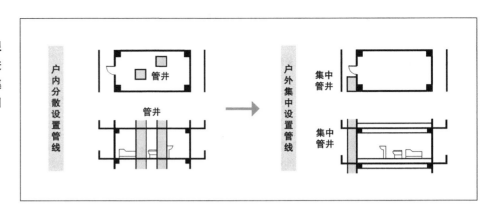

同层排水技术

排水横支管布置在本层降板区域内、器具排水管不穿越楼层的排水方式。此种排水管设置方式可避免上层住户卫生间管道故障检修、卫生间地面渗漏及排水器具楼面排水接管处渗漏等对下层住户的影响。

注：H 按设计要求，h 为降板高度。

同层排水方式示意——降板式

干式地暖技术

室内供暖系统优先采用干式工法施工的低温热水地面辐射供暖系统。其安装施工可以在土建施工完毕后进行，不需预埋在混凝土基层中。较之于散热器采暖，舒适度高，解决了传统的湿式地暖系统产品及施工技术楼板荷载大、施工工艺复杂、管道损坏后无法更换等问题；具有施工工期短、楼板荷载小、易于维修改造等优点。

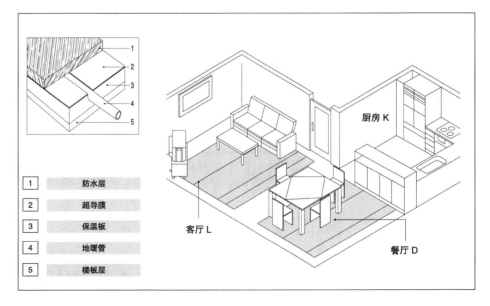

1	防水层
2	超导膜
3	保温板
4	地暖管
5	楼板层

INFILL 部品化技术与工法

INFILL Parts Technology and Construction Methods

■ 适老化部品集成技术解决方案

　　适老化部品解决方案是整合现有技术，在集成技术体系下，全面提高居住性能。对集成部品的选择，更多地反映在适度地甄选适宜的部品上。适老化部品的应用宜尽可能完备地配置，普通住宅和老年住宅并无明显差异，只是部品配置的集约度逐步增加，老年专业性逐步升级，形成一套系统、完整的标准体系。

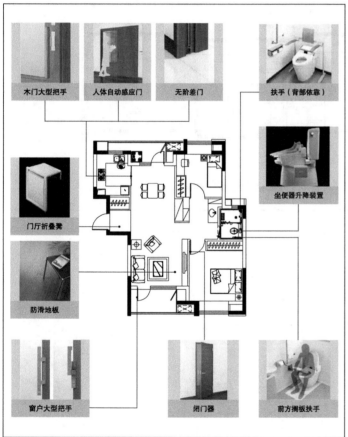

适老化部品集成技术解决方案
图片来源：海骊建筑装饰设计（上海）有限公司资料。
所示项目：上海崴廉公馆 11 号楼 D-1' 套型。

舒适性部品集成技术解决方案
图片来源：海骊建筑装饰设计（上海）有限公司资料。
所示项目：上海崴廉公馆 11 号楼 D-1' 套型。

■ 综合性部品技术解决方案

项目综合性部品技术解决方案基于国际理念和住宅发展与建设经验，通过实施干式技术集成解决方案，实现新型工业化设计建造体系的落地。综合性集成技术解决方案可以全面提高住宅建筑全寿命期内的品质和性能，是可持续住宅建设技术发展的新方向。

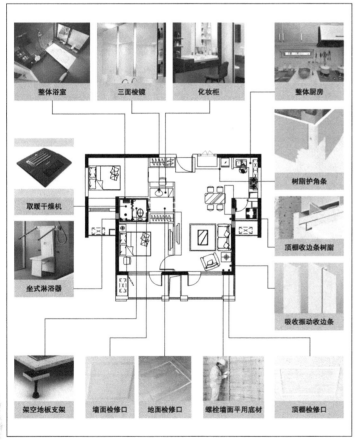

优良部品集成技术解决方案
图片来源：市浦设计资料。
所示项目：上海崴廉公馆 11 号楼 D-2 套型。

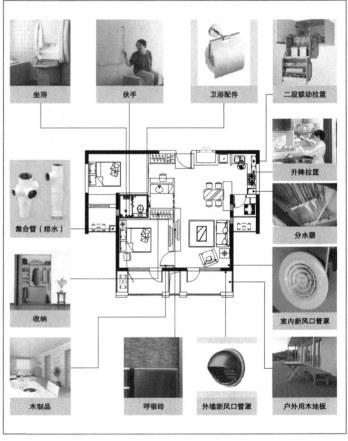

住宅部品整合集成技术解决方案
图片来源：市浦设计资料。
所示项目：上海崴廉公馆 11 号楼 D-2 套型。

04

百年住宅·实践篇

Practice

上海绿地南翔崴廉公馆

Shanghai Greenland

绿地崴廉公馆项目是首个实施的百年住宅示范工程，其基本目标是促进我国住宅粗放型建设模式和房地产业的技术转型升级。通过百年住宅示范工程攻关新型住宅工业化关键技术，实现以新型工业化技术建造的可持续性住宅。

绿地崴廉公馆项目以长寿化可持续建设为目标，从社会资源和环境的可持续发展出发；既要考虑到降低地球环境负荷和资源消耗，也要满足不同居住者的居住需求和生活方式，同时还要便于后期管理和更新改造。采用支撑体 S 与填充体 I 分离体系建造，具有高耐久性、灵活性与适应性，提高了住宅的居住性能和产品质量。

项目统筹：中国房地产业协会
　　　　　中国建设科技集团股份有限公司
开发建设：上海绿地源翔置业有限公司

设计研发：中国建筑标准设计研究院有限公司
内装设计：日本市浦住宅城市规划设计事务所
建设施工：华亮建设集团股份有限公司
内装施工：青岛海尔家居集成股份有限公司
　　　　　松下亿达装饰工程有限公司
　　　　　中国建筑标准设计研究院有限公司
　　　　　上海宏誉建筑装饰集团有限公司
部品集成：海骊建筑装饰设计（上海）有限公司
　　　　　苏州科逸住宅设备股份有限公司
　　　　　松下住建
　　　　　威可楷（中国）投资有限公司

项目位置：上海市嘉定区德华路 79 弄
建筑面积：30000m²

■ 项目整体技术解决方案

　　项目住宅工业化技术实施的核心是其住宅体系的系统技术集成，本项目住宅建筑填充体技术解决方案的研发，以SI住宅体系的新型工业化住宅建筑通用体系为基础，强调住宅全寿命期和全产业链的整体设计方法和两阶段工业化生产体系与技术集成。

　　项目规划设计、施工建造、技术集成、部品整合等各个环节进行严格的监督管理，并动态跟踪评估，确保了项目实施，取得了很多技术创新和突破。项目的实施以一个系统工程进行组织，研发了技术标准、技术条件等方面的保障措施，并从建立协调机制、明确实施责任、加强建设管理等方面对项目实施进行了具体部署。

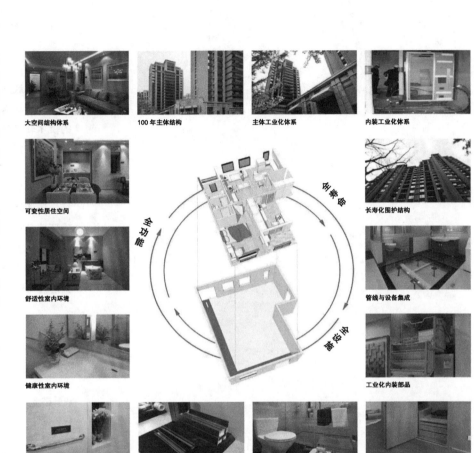

大空间结构体系　　100年主体结构　　主体工业化体系　　内装工业化体系

可变性居住空间　　长寿化围护结构

舒适性室内环境　　管线与设备集成

健康性室内环境　　工业化内装部品

适老化通用设计　　节能与能源利用　　节水与资源利用　　节材与资源利用

	设计通用技术	技术集成体系	关键部品				实施工法
建设工业化	1.1.1 SI体系内装体系设计	1.2.1 轻钢龙骨吊顶体系	1.3.1 轻钢龙骨	1.3.2 石膏板			
		1.2.2 内衬墙体系	1.3.1 轻钢龙骨	1.3.2 石膏板			一、内装墙体和管线分离干式施工法
		1.2.3 装配式内隔墙体系	1.3.3 树脂螺栓	1.3.2 石膏板			
		1.2.4 架空地板体系	1.3.4 支撑脚	1.3.5 衬板	1.3.6 木地板		二、架空隔声地板干式铺装的施工工法
	1.1.2 模数标准化设计	——					
	1.1.3 套型标准化设计	——					
	1.1.4 厨卫标准化设计	1.2.5 整体厨房体系	1.3.7 橱柜	1.3.8 洗菜池	1.3.9 龙头		
		1.2.6 整体卫浴体系	1.3.10 洗面台				三、内装配式整体卫浴安装的施工工法
建筑长寿化	2.1.1 管线集成设计	2.2.1 给水管线集成系统	2.3.1 给水分水器	2.3.4 管道检修口			四、室内冷热水用分水器系统施工法
		2.2.2 排水管线集成系统	2.3.2 排水集水器	2.3.3 洗衣机托盘	2.3.4 管道检修口		五、铸铁排水集水器系统施工工法
		2.2.3 电气管线集成系统	2.3.4 管道检修口				六、聚丙乙烯超静音给排水管的施工工法
	2.1.2 用水空间集约化	2.2.4 集中管井系统					
	2.1.3 空间可变性设计	——					
	2.1.4 大空间结构设计	——					
品质优良化	3.1.1 独立门厅空间体系		3.3.1 门厅柜				
	3.1.2 餐厨交接空间体系		3.3.2 储物柜				
	3.1.3 收纳系统空间体系		3.3.2 储物柜				
	3.1.4 适老化设计体系		3.3.3 适老化部品				
	3.1.5 门窗体系		3.3.4 静音内门	3.3.5 节能门窗	3.3.6 抗震户门	3.3.7 阳台部品	
	3.1.6 机电体系	3.2.1 室内新风系统					
		3.2.2 干式地暖系统					七、薄型混水地暖干式铺装的施工工法
		3.2.3 烟气直排系统					
		3.2.4 楼宇安防系统					
绿色低碳化	4.1.1 节能体系	4.2.1 屋顶绿化系统					
		4.2.2 外墙阳光系统					
			4.3.1 LED节能型灯具	4.3.2 门厅LED灯具	4.3.3 太阳能电灯		
			4.3.4 高效节水卫生洁具	4.3.5 高效热水器			
		4.2.3 家庭能源可视化系统					
	4.1.2 体系系统数控化设计	——					
	4.1.3 结构纯洁化设计	——					
	4.1.4 低碳环保设计	4.2.4 高等级的保温隔热性能技术	4.3.6 温度调节呼吸砖	4.3.7 低甲醛环保材料	4.3.8 自洁耐久仿石涂料		

■ 项目系统性技术集成

主体标准化设计
1. 支撑体大空间化；
2. 楼栋形体规整化；
3. 楼栋构成集约化。

空间适应性设计
1. 套型系列化与多样化；
2. 空间可变性与灵活性；
3. 空间的集约与开放。

模块化部品设计
1. 模块化的整体厨房；
2. 模块化的整体卫浴；
3. 模块化的整体收纳。

部品与集成技术应用
项目产业化技术建设实施重点取得了4个方面的技术创新：

1. 创建了我国新型住宅工业化的内装部品架构。

2. 形成了设计标准化、部品工厂化、建造装配化和通用化的标准部品体系。

3. 系统整合了设计、生产、施工和维护等产业链的各个环节。

4. 研发并应用了建筑长寿化、品质优良化、绿色低碳化的可持续发展的部品与工业化集成技术。

项目实现了以标准化为基础的大规模部品在工厂的批量化生产与供应，采用了大量干式工法等创新应用技术，形成了新型内装工业化通用体系。相对于传统模式可有效缩短工期，实现了降低综合成本的目标；同时具有显著的节能减排效果，保证了部品部件的生产质量且后期易于维修更换。示范工程全面提高了建筑全寿命期的居住品质。

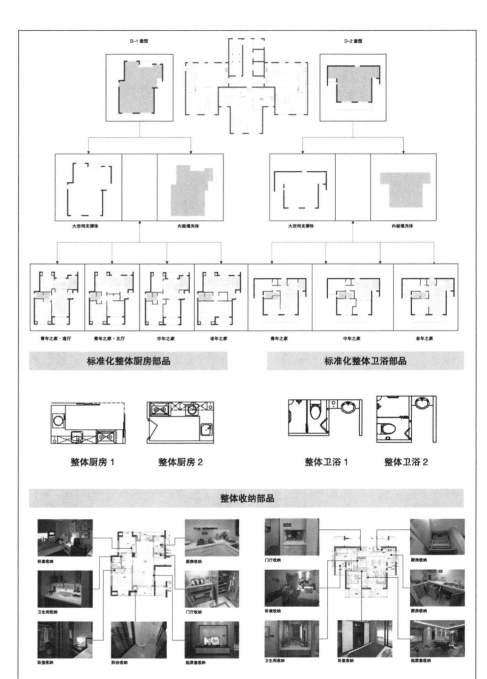

标准化整体厨房部品　标准化整体卫浴部品

整体厨房1　整体厨房2　整体卫浴1　整体卫浴2

整体收纳部品

■ 项目填充体内装部品集成技术

　　绿地崴廉公馆百年住宅示范项目在项目建设各阶段的实施过程中，数十次组织专家和全产业链技术团队赴上海进行调研，以确保工程品质，将百年住宅的建设技术全面落地，并开展了示范项目的推广与技术交流工作。

2015 年 1 月
项目建设情况

2015 年 6 月
项目建设情况

2015 年 7 月
项目建设情况

2015 年 3 月
项目建设情况

2015 年 5 月
项目建设情况

2015 年 8 月
项目建设情况

当前，政府对住宅产业化和工业化住宅新技术的推广应用取得了一定的成效，企业针对在住宅工业化道路上遇到的技术问题也进行了许多尝试。我国住宅工业化仍处于生产方式的转型阶段，居住建筑总体品质存在大量亟待解决的课题。

上海绿地南翔崴廉公馆项目作为首个百年住宅示范落地项目，以建设资源节约型、环境友好型社会为着力点，大力推行可持续建设的新理念，试图转变我国住宅建造发展方式，推动住房建造行业向制造行业转型升级，实现住宅产业现代化目标。

上海绿地南翔崴廉公馆项目以 SI 体系为基础，绿色可持续理念为指导，在项目规划设计、施工建造、技术集成、部品整合等各个环节进行了严格的监督管理和动态跟踪评估，以确保项目实施。项目吸取了国际前沿理念和住宅发展与建设经验，探索研发住宅先导技术，突出体现住宅工业化、现代化的发展方向，推动传统住宅产业的更新；通过科技创新促进科技成果向生产转化。传播先进的工业化技术，以综合性解决方案推进我国住宅建设的可持续发展。

对房地产开发建设行业和开发商而言，发展可持续建筑和高品质住宅已成为必然趋势，也是促进建筑行业走可持续发展之路的必然途径。

项目套型产品设计方法与技术整合设计着眼于绿地集团百年住宅套型产品，在前期调研的基础上，对套型产品的设计方法进行全面解析。

项目技术集成体系与关键部品实施从建设产业化、建筑长寿化、品质优良化、绿色低碳化四个方面总结了百年住宅的设计通用技术、技术集成体系和关键部品技术，首次从百年住宅的技术层面进行了梳理。

项目 SI 技术内装关键工法实施汇集了百年住宅的 SI 技术核心工法，对百年住宅的施工提供技术支持。

项目以推动建筑行业的技术进步为己任，以技术创新为先导，对国外先进理念与技术进行了引进消化、吸收与再创新。该示范项目的建设研发工作初步建立了适合中国国情和技术发展水平的住宅建造技术体系，在促进居住性能优良和长期耐久的高品质住宅集成技术的升级，带动开发建设企业支撑技术的转型，以及引领我国住宅产业化发展等方面作出了突出贡献。

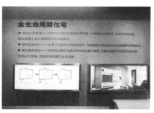

浙江宝业新桥风情

Zhejiang Baoye

宝业新桥风情百年住宅示范项目在百年住宅建设技术体系的基础上充分发挥宝业 PC 技术与装配式内装产业化技术优势，倾力打造的舒适、健康、可持续、全寿命期住宅。不仅大幅度提高住宅质量，满足人们日益增长的居住环境要求，更促进可持续建筑建设目标的早日实现。

项目统筹：中国房地产业协会
　　　　　中国建设科技集团股份有限公司
开发建设：绍兴宝业新桥江房地产开发有限公司

设计研发：中国建筑标准设计研究院有限公司
　　　　　浙江宝业建筑设计研究院有限公司
内装设计：大和房屋工业株式会社（日本）
　　　　　浙江广艺建筑装饰工程有限公司
建设施工：浙江宝业住宅产业化有限公司
内装施工：浙江广艺建筑装饰工程有限公司
部品集成：宝业大和工业化住宅制造有限公司
　　　　　松下电工
　　　　　松下住建
　　　　　苏州海鸥有巢氏整体卫浴股份有限公司
　　　　　上海唐盾材料科技有限公司
　　　　　德国西韦德
　　　　　德国快可美
　　　　　日门建材
　　　　　伊奈中国
　　　　　积水化学工业株式会社
　　　　　北京嘉泰华装饰工程有限公司
　　　　　日本大建工业株式会社
　　　　　雷士照明控股有限公司
　　　　　日本爱克工业株式会社
　　　　　骊住中国

项目位置：绍兴市越西路与西郊路交叉口
建筑面积：135000m²

■ 项目整体技术解决方案

项目通过高品质住区环境舒适性能、高耐久住宅主体内装适应性能、高标准住宅性能保障技术集成"三位一体"，全面实施"百年住宅高性能住居适应性整体解决方案"，实现百年住宅居住品质的升级。

高品质住区环境适应性能

项目通过高水平规划的道路交通、市政条件、建筑造型、绿地配置、活动场地和噪声与空气污染控制，确保了高品质住区环境的实现。

高耐久住宅主体内装适应性能

项目采用 SI 体系，使住宅主体结构和内装部品完全分离。通过架空楼面、吊顶、架空墙体，使建筑骨架与内装、设备分离。当内部管线与设备老化时，可以在不影响结构体的情况下进行维修、保养，并方便地更改内部格局，以此延长建筑寿命；最大限度地保障社会资源的循环利用，使住宅成为全寿命耐久性高的保值型住宅。

高标准住宅性能保障技术集成

项目采用隔声性能、品质优良性能、经济性能和安全性能保障技术集成系统，全方位、高标准地实施百年住宅，确保百年住宅的长久品质。

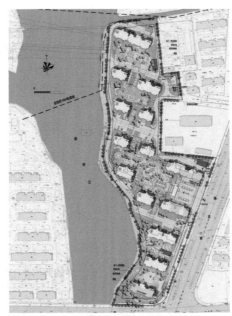

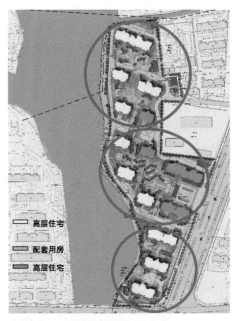

■项目装配式主体与装配式内装集成技术

国际水准百年住宅示范——主体产业化与内装产业化的双重实施

项目是宝业集团在浙江省绍兴市开发建设的首个中国百年住宅示范项目。依托宝业集团深厚的主体产业化积淀，全面实现了主体产业化与内装产业化的同步实施建设。

主体 PC 实践引领探索——叠合式剪力墙与装配式剪力墙的同步研究

项目采用了两种主体产业化体系，即叠合式剪力墙集成体系和装配式剪力墙集成体系。

西伟德体系（叠合板式剪力墙结构）

1.墙体——1～2层剪力墙采用现浇，3～17层（顶层）采用叠合板式混凝土剪力墙；2.楼板——1～16层均采用叠合楼板，17层（顶层）采用现浇钢筋混凝土结构楼板（增加结构整体性）；3.空调、楼梯梯段——预制；4.阳台——叠合式阳台（底板采用叠合板，围护结构为 PC 预制，减轻自重，便于吊装）。叠合剪力墙210mm 厚，采用 60+100+50 规格，外侧的 60mm 和内侧的 50mm 剪力墙部分为工厂预制，中间 100mm 厚部分采用现浇。

国标体系（装配式剪力墙结构）

1.墙体——1～2层剪力墙采用现浇，3～17层（顶层）采用装配式混凝土剪力墙；2.楼板——1～16层采用叠合楼板，17层（顶层）采用现浇钢筋混凝土结构楼板（增加结构整体性）；3.空调、楼梯梯段——预制；4.阳台——叠合式阳台（底板采用叠合板，围护结构为 PC 预制，减轻自重，便于吊装）；装配式混凝土墙厚200。

结构设计使用年限：100 年　结构设计耐久性年限：100 年

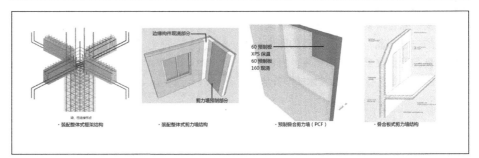

装配式结构综合比选

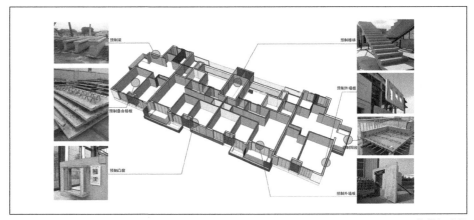

配构件标准化

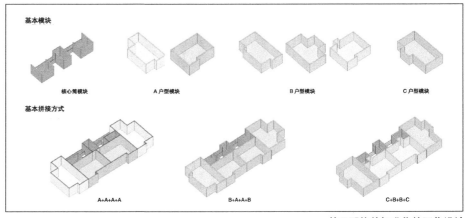

基于配构件标准化的深化设计

■ 项目系统性集成技术

项目从建设产业化、建筑长寿化、品质优良化和绿色低碳化4个方面进行技术集成研发，综合考察应用了三十多家国内外企业的先进部品，形成了项目的国内外性能优良和产业化部品应用体系，推动江浙地区住宅建造发展方式的技术转型升级。

建设产业化——保证施工品质的建造方式的升级

■ 内装全干式工法
　　1. 轻钢龙骨系统；2. 内装树脂线角与收边材料；3. 木地板
■ 整体卫浴等通用部品
　　1. 整体卫浴；2. 整体厨房；
　　3. 系统坐便；4. 系统洗面
■ 外立面围护结构及主体的干式工法
　　1. 外立面及围护结构装配；
　　2. 主体结构减少湿作业

建筑长寿化——可持续居住长久价值的实现

■ 高耐久性结构体
■ SI 分离工法
　　1. 外墙内保温架空层；
　　2. 吊顶布线；3. 局部架空；
　　4. 电气配线与结构分离
■ SI 集成技术
　　1. 给水分水器；
　　2. 单立管排水集成接头；
　　3. 局部板上同层排水；
　　4. 排水立管集中设置
■ 耐久性围护结构
　　1. 外立面耐久性材料与部品；
　　2. SKK 自洁耐久型仿石涂料
■ 大空间结构及可推拉开放感的空间
■ 管道检修口

品质优良化——高性能设施的采用

■ 新风技术
　　1. 全部采用负压式新风；
　　2. 加强套型自然通风设计
■ 通用型产品系统
　　1. 门厅扶手；2. 部分使用推拉门；
　　3. 开关插座设计；4. 单元无台阶
■ 双玻 LowE 内开铝合金断热门窗
■ 阳台系统
　　1. 树脂地面；2. 晾衣部品
■ 洗衣机防水盘
■ 厨卫直排系统
■ 环保内装材料
　　1. 呼吸砖；2. 低甲醛环保材料；
　　3. 静音式内门系统
■ 居家全收纳系统

绿色低碳化——二氧化碳排放量的消减

■ 公共部位及门厅 LED
　　1. 门厅采用 LED；
　　2. 公共部位太阳能电灯
■ 高等级的保温隔热性能
　　1. 内外保温工法；
　　2. 高性能门窗 YKK；
　　3. 带窗下披水部品
■ 节能器具
　　1. 高节水卫生洁具；
　　2. 高效热水器具

■ 功能空间提升设计集成技术

LDK	多用型居室

三口之家　　　　　老年之家　　　　　二孩之家　　　　　照护之家

起居室（L）
餐　厅（D）　　→
厨　房（K）

■ 一体化空间便于家人交流互动；
■ LDK 完整、方正，便于利用

■ 住户内无结构墙；
■ 提高套内空间分隔的灵活性；
■ 提高未来空间变化的可能性

■ 设置洄游空间，给孩子们提供更有趣味的空间；
■ 为照护人员提供居住空间

综合型门厅	整体收纳	整体厨房、整体卫浴

整体
厨房

整体
卫浴

■ 鞋柜收纳带有桌面和吊柜，桌面上可放置各种小物件；
■ 设置老人换鞋凳，更加贴近生活；
■ 入口门厅与客厅之间设有 10mm 坡，灰尘不带入室内；
■ 入户摆脱双手拿满东西寻找钥匙的困境

主力套型收纳面积占套内使用面积的 11.68%
■ 收纳率为 11.68%（收纳使用面积／套内使用面积）；
■ 门厅设置鞋柜；
■ 主卧设有衣柜和书架；
■ 次卧设有衣柜和架板；
■ 客厅设有收纳；
■ 厨房设有下柜和吊柜收纳；
■ 洗脸化妆台设有收纳

整体厨房
■ 集成厨房标准化、模块化
■ 整体橱柜配置更为完整；
■ 操作界面更为连续

整体卫浴
■ 防水性能好；
■ 质量可靠，清洁方便；
■ 干法施工，简便快捷

■ 项目工法体验与样板间展示

宝业工法体验馆与样板间展示区作为百年住宅建设示范和技术推广的重要项目，包含了以下内容：

项目的百年住宅技术体系详解；

项目的百年住宅集成部品运用；

项目的百年住宅套型体验展示；

项目的百年住宅建造工法剖析。

我国传统粗放的房地产业建设发展方式存在以下突出问题：1.资源能源消耗高；2.产业化程度低；3.科学技术含量低。宝业集团力求推动我国房地产业由过去粗放的发展模式向建筑产业现代化方向转型，加快转变住宅发展方式，大力推进住宅产业化；通过技术进步把房地产业从传统的建造业转变为先进的制造业。

项目研发创立了符合产业化要求的住宅建筑体系和部品部件体系，攻关了独具特色的长寿命、高品质的绿色低碳型百年住宅产品；对于推动宝业集团住宅开发建设走可持续发展之路具有重要的战略意义。

项目从推动与发展我国建筑产业化技术出发，以建筑设计理念变革和建筑科学技术创新为先导，优化项目实施的生产组织和结构。从战略性的角度配置资源，合理调整和协调产业链各个环节的内容，以建设符合时代发展、满足市场需求的建筑产品。示范项目把满足现实的、局部的需求同未来的、整体的发展相结合，力求将住宅建设与美丽中国的可持续发展目标相协调。

江苏新城帝景

Jiangsu Future Land

在新城帝景百年住宅示范项目实践中，将住宅分为结构支撑体和功能填充体两部分，百年住宅理念在结构支撑体部分主要体现为实现 100 年的安全耐久性；在功能填充体部分主要体现为实现 100 年的可变与品质保障。本项目自 2014 年 3 月完成百年住宅项目立项，同年 12 月完成百年住宅建设项目技术专家评审会的认证评审。

项目统筹：中国房地产业协会
　　　　　中国建设科技集团股份有限公司
开发建设：常州万方新城房地产开发有限公司

设计研发：上海中森建筑与工程设计顾问有限公司
内装设计：日本 RIA 设计
建设施工：宜兴市建工建筑安装有限责任公司
内装施工：江苏兴厦建设工程集团有限公司
部品集成：苏州科逸住宅设备股份有限公司
　　　　　江苏和风建筑装饰设计有限公司
　　　　　松下住建
　　　　　骊住中国

项目位置：常州市广电中路与花园街交界处
建筑面积：47100m²

■ 项目整体技术解决方案

新城帝景北区百年住宅示范项目的整体技术解决方案，以建设产业化、建筑长寿化、品质优良化、绿色低碳化四大技术体系为前提，梳理出 12 类技术系统，涵盖 45 项技术分项。既提高了居住品质，又在建造方面做到了消除质量通病、提高结构精度、缩短生产周期、提高生产效率。

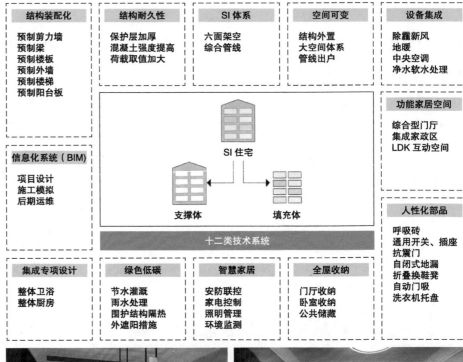

结构装配化
预制剪力墙
预制梁
预制楼板
预制外墙
预制楼梯
预制阳台板

结构耐久性
保护层加厚
混凝土强度提高
荷载取值加大

SI 体系
六面架空
综合管线

空间可变
结构外置
大空间体系
管线出户

设备集成
除霾新风
地暖
中央空调
净水软水处理

信息化系统（BIM）
项目设计
施工模拟
后期运维

SI 住宅

支撑体 ← → 填充体

十二类技术系统

功能家居空间
综合型门厅
集成家政区
LDK 互动空间

人性化部品
呼吸砖
通用开关、插座
抗震门
自闭式地漏
折叠换鞋凳
自动门吸
洗衣机托盘

集成专项设计
整体卫浴
整体厨房

绿色低碳
节水灌溉
雨水处理
围护结构隔热
外遮阳措施

智慧家居
安防联控
家电控制
照明管理
环境监测

全屋收纳
门厅收纳
卧室收纳
公共储藏

■ 项目宜居空间与部品整合研究

项目住宅内装工业化建造实现支撑体与填充体完全分离，共用部分与私有部分区分明确，有利于使用中的更新和维护，实现 100 年的安全、可变、耐用。

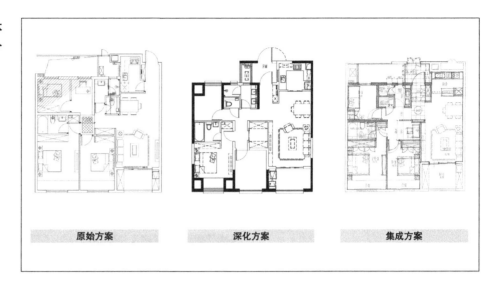

原始方案　　　深化方案　　　集成方案

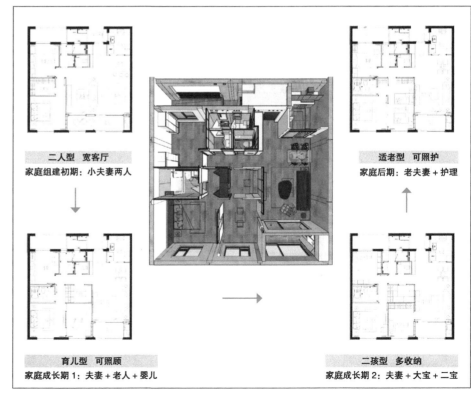

二人型　宽客厅
家庭组建初期：小夫妻两人

适老型　可照护
家庭后期：老夫妻 + 护理

育儿型　可照顾
家庭成长期 1：夫妻 + 老人 + 婴儿

二孩型　多收纳
家庭成长期 2：夫妻 + 大宝 + 二宝

■ 项目内装工业化建造研究

在百年住宅实施计划的推动下，新城集团率先实践中房协中国百年住宅的战略构想，全面深化建设产业化、建筑长寿化、品质优良化、绿色低碳化的宏伟目标，领跑国家战略和行业的发展蓝图，建造中国未来人居标杆。

在项目设计和施工过程中，国际设计团队和国内外供应商多方参与，进行了一系列的协同合作，打造出体现国际水准技术、将国际标准结合中国特色的居住品质。

启幕国家战略的新城实验：打造新城控股百年住宅品牌实验展示基地

项目的建设产业化集成技术实践——外立面及主体结构采用预制装配体系及标准构配件等技术手段，内装采用干式工法、工厂化通用部品部件等技术手段；大大缩短了生产工期，提高了生产效率。建筑产业化模式打破了传统建造方式受工程作业面和气候影响的状况，在工厂即可成批次地重复制造。

兼容未来的建设水准实践：新战略、新技术、新服务；实现"10年领先、30年可改、100年使用"的建筑标准

项目的建筑长寿化集成技术实践——建筑长寿化的基础是结构支撑体的高耐久性和长寿化，建筑内填充体的寿命无法与结构主体同步。传统住宅随着时间的推移，内填充部分的装饰、管线逐渐老化，必然面临更新检修的问题。百年住宅强调采用SI住宅体系，实现了支撑体与填充体完全分离，共用部分与私有部分区分明确；有利于使用中的更新和维护，实现100年的安全、可变、耐用。

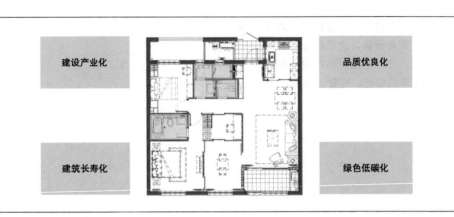

建设产业化　　品质优良化

建筑长寿化　　绿色低碳化

整体厨房

整体卫浴

整体收纳

门厅收纳

抽拉式洗菜池

升降拉篮

呼吸砖

门厅折叠凳

洗衣机托盘

换气扇

浴室检修口

浴室排水口

三面镜箱

阳台晾衣架

自动门吸

集水器

项目的品质优良化集成技术实践——强调对综合型门厅、全屋收纳、阳台家政区等进行人性化设计，同时采用环保内装、新风系统、地暖、整体卫浴等产业化新技术，有效地提高住宅性能质量，提升住宅品质。

项目的绿色低碳化集成技术实践——除增加外墙的保温及门窗的气密性外，还考虑增加外遮阳设施，以节约空调能耗。同时，采用干式工法，主体结构及外墙采用装配式，减少工地扬尘和噪声污染；内装采用架空地板、轻质隔墙、整体卫浴，减少现场湿作业。综合实现节水、节地、节能、节材，达到绿色低碳化。

项目百年住宅技术体系的研究有着特殊的社会意义：第一，延长住宅使用寿命，实现可持续居住和资源节约型社会的可持续发展；第二，长寿命化住宅建设让建筑成为城市文化的一种积淀，有利于城市再开发；第三，灵活的套型变化和结构优良性，满足家庭全生命周期的需求。

示范项目对于建设方而言，中国百年住宅技术体系符合建筑业转型升级的时代要求。其中：预制装配技术及干式工法可有效缩短开发周期，提高企业综合效益；产业化部品应用有利于形成产业化联盟，降低建造成本；人性化设计以及产业化新技术的应用可有效提高性能质量，提升住宅品质；绿色低碳化可有效增加产品附加值，扩大企业品牌效益。

山东鲁能领秀城公园世家

Shandong Luneng

　　作为第二批示范项目的推动者，鲁能集团践行绿色发展战略。领秀城公园世家百年住宅项目结合国际最先进的开发建设理念，打造了一个高品质、长寿化、高集成度的全新百年住宅产品。

　　2016年5月4日，鲁能领秀城公园世家百年住宅示范项目在北京顺利通过中国百年住宅建设项目专家组评审。同年5月15日，鲁能集团在济南示范项目揭牌仪式上被中国房地产业协会正式授牌"中国百年住宅建设试点项目"。该项目不仅是山东首个百年住宅试点项目和中国绿色建筑三星级认证项目，而且也是国家住宅性能标准的3A级项目。

项目统筹：中国房地产业协会
　　　　　中国建设科技集团股份有限公司
开发建设：山东鲁能亘富开发有限公司

设计研发：中国建筑标准设计研究院有限公司
内装设计：五感纳得（上海）建筑设计有限公司
　　　　　松下亿达装饰工程有限公司
　　　　　上海曼图室内设计有限公司
建设施工：中建三局集团有限公司
内装施工：深圳市美芝装饰设计工程有限公司
　　　　　东亚装饰股份有限公司
　　　　　中建东方装饰有限公司
　　　　　中国建筑装饰集团有限公司
部品集成：南京旭建新型建材股份有限公司
　　　　　苏州海鸥有巢氏整体卫浴股份有限公司
　　　　　山东力诺瑞特新能源有限公司
　　　　　广东欧科空调制冷有限公司

项目位置：济南市中区舜耕路与二环南路交汇处路南
建筑面积：187200m²

■ 项目整体技术解决方案

国际先进水平的开放度主体结构体系整体解决方案

项目采用高开放度的主体结构体系——框架剪力墙＋PK预应力叠合楼板＋ALC外墙板围护体系。该体系竖向承重结构采用了现浇工艺，水平构件与外围护结构采用装配式施工工艺；提升了施工效率，节约了成本。

框架剪力墙体系最大限度地减少套内结构墙体所占空间，为套型内部及套型与套型之间的可变性提供了有利条件。其住宅建筑体系的开放度高，支撑体和填充体分离的特性强，全寿命期内的使用价值高。

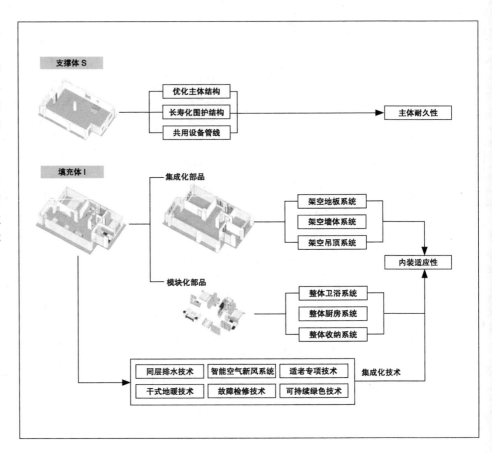

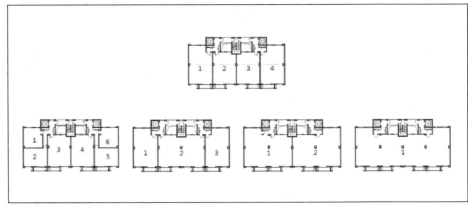

■ 项目新型装配式框架建筑集成技术

大空间框架结构集成体系

项目研发创新的建筑结构体系，其套型以大空间框架加厚楼板，满足其大空间要求。除内部厨卫位置不可变外，其余都可以根据住户的需求进行多样化布局。

框架剪力墙 + PK 预应力叠合楼板 + ALC 外墙板围护体系

1. 预制 ALC 外墙板集成技术；
2. 预制叠合楼板集成技术；
3. 预制楼梯集成技术；
4. 预制叠合阳台板和空调板集成技术。

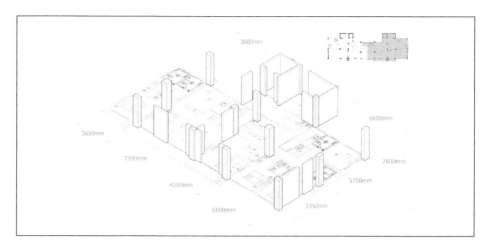

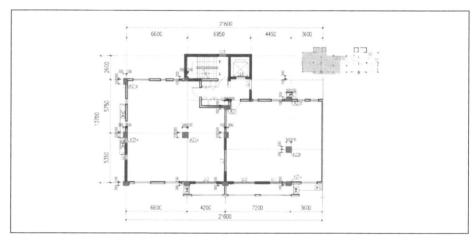

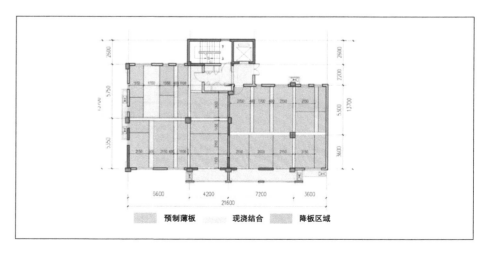

预制薄板　　现浇结合　　降板区域

■ 项目定制化全生命期技术研发

项目在套型设计时充分考虑到家庭人口变动对功能空间的要求，为了提高住宅的居住性能和生活适应性，采用可变性高的大跨度框架空间；套型内部尽量采用轻质墙体，以方便住户灵活分隔空间，满足不同的居住需求；并结合未来可能的居住需求变化，实现可持续性设计和使用的要求。

1. 可自由设计的育儿套型产品

以育儿为中心，融合餐厅功能；在面积有限的情况下，给儿童提供一个娱乐玩耍的空间；同时，为儿童提供充满活力的学习和生活空间。

2. 可自由设计的适老套型产品

套型充分考虑高龄老人的生活需求；在结构主体不变的前提下，通过对套型的改造，使高龄老人在家里能够生活自如。

原始建筑图	套型变换		
	育儿二室	标准三室	适老二室
B 套型			

项目内装部品体系研究

　　该项目注重居住舒适性和健康化的打造，为居住者提供最佳的居住体验。首先，在施工方面同样采用干式工法的工业化集成技术。对房屋整体家装进行预先设计，实行一体化施工，提高效率与质量。从地面到墙到外墙保温系统，从屋面吊顶到管线集成系统，从门窗的选用到室内空间布局，从整体卫浴到整体厨房的系统化设计，大量采用了国内外先进技术，显著提升了居住品质。随着居住者年龄的变化，对于居住舒适度的要求逐渐提升，项目打造人性化的适老性设施，实现各个年龄段的居住舒适度要求。

项目集成技术体系研发

　　项目采用住宅主体与内装分离体系，将住宅的主体结构、内装部品和管线设备三者分离。通过在前期设计阶段对建筑结构体系的整体设计，有效地提升了后期的施工效率，有助于合理地控制建设成本；也保证了施工质量与内装模数的对接，方便了今后检查、更换和增设新的设备。

　　项目墙面、吊顶及地面系统是实现内装工业化主体、内装、管线分离设计理念的核心内容。利用全吊顶空间敷设水、电管线。在外围护结构内侧，利用保温内衬墙敷设水电管线。在套内轻质隔墙中，利用轻钢龙骨墙体内部空间敷设水电管线。对于架空地面管线集成，主要集中在卫生间降板区域，利用架空地板空间敷设水电管线，并在合适的部位设计检修口，便于检修改造；既满足使用功能，又可实现 SI 体系。

鲁能领秀城公园世家项目联合国内外十余家科研、设计、生产、施工等单位进行科技攻关和技术集成创新。以国际可持续建设供给与全面建筑产业化的先进理念及新型装配式工业化建筑体系，系统性地在设计、生产、施工、维护等环节进行探索与实践，带动产业化技术集成创新。

国际水准百年住宅示范
——可持续居住环境建设新理念

项目实施以国际先进的支撑体与填充体的建筑体系为基础，提出可持续建设理念。基于结构主体与内装部品、设备管线相分离的建筑体系，保障了建筑主体的耐久性，提升了住宅全寿命期内的资产价值和使用价值，为山东首个攻关落地的百年住宅项目。项目实施以提高绿色建筑全寿命期的长久价值为理念，以新型可持续生产方式与集成技术为基础，实施了设计标准化、部品工厂化、建造装配化、管理运维化的产品整体技术解决方案。填补了山东省住宅产品及其产业化整体技术应用的空白，其有效的施工管理与质量控制对于我国住宅未来开发建设具有引领示范作用，经济与社会效益显著。

地产行业品质引领标杆
——长寿化·高品质·低能耗新产品

鲁能集团依托领秀城项目，以科技为核心实现产品体系的升级，打造长寿化、高品质、低能耗的百年住宅产品线，创造绿色、智慧、宜居的品质生活范本。项目实施通过设计协同和技术集成，对住宅建筑的运营维护技术进行了探索。整体实施了适老性能与维护改造性能等集成技术，提升了住宅建设的整体品质。

集成技术升级品牌项目
——集成系统及产业化新技术

在建筑产业现代化方面，项目从建筑主体、内装工业化，以及施工工业化方面整体处于国内先进水平。在建筑长寿化方面，项目采用了内装与结构主体相分离的技术体系，为建筑的长寿化提供了保障。百年住宅在结构设计方面达到了使用年限100年的标准。在居住品质优良化方面，项目已达到国家住宅性能标准3A级要求。在绿色低碳化方面，项目依照绿色建筑的国家标准，在节能、节水、节地、节材、环保各方面都有很多亮点。通过了国家最高级绿色建筑三星级设计标识认证。

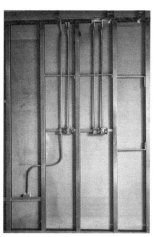

北京实创青棠湾

Beijing Strong

  实创青棠湾项目由北京实创高科技发展有限责任公司开发建设、中国建筑标准设计研究院负责研发设计。项目从系统实施到设计、生产、施工、维护等产业链各个环节均做了开创性的探索及产业化技术创新与实践。力求建设出北京市具有国际水准、以绿色宜居为引领、全面实施装配式建筑体系及集成技术的公共租赁住房试点项目。

  实创青棠湾公租房项目以国际先进的绿色可持续住宅产业化建设理念，在全国公租房建设上首次研发实现了新型建筑支撑体与填充体建筑工业化通用体系，并系统落地了建筑主体装配和建筑内装修装配的集成技术等。对当前我国大力推进装配式建筑和建筑产业化发展背景下的保障性住房建筑主体和内装产业化建设的全面实施，具有重要的示范和借鉴作用。

项目统筹：中国房地产业协会
     中国建设科技集团股份有限公司
开发建设：北京实创高科技发展有限责任公司

设计研发：中国建筑标准设计研究院有限公司
内装设计：五感纳得（上海）建筑设计有限公司
建设施工：中建三局建设工程股份有限公司
内装施工：北京国标建筑科技有限责任公司
     北京宏美特艺建筑装饰工程有限公司
     苏州科逸住宅设备股份有限公司
部品集成：苏州科逸住宅设备股份有限公司
     远大住宅工业集团股份有限公司
     广东松下环境系统有限公司
     北京建工茵莱玻璃钢制品有限公司
     仁创生态环保科技股份有限公司
     大连金桥木业有限公司

项目位置：北京市海淀区西北旺永丰产业基地
建筑面积：325100m^2

■ 项目整体技术解决方案

开放式住区环境解决方案

项目在进行整体规划时，注重提升城市品质，强化公共性与开放性，营造更便利、更具活力的城镇住区生活空间。通过建立与城市互动的开放式住区，实现住区与城市的和谐共融。不仅交通规划和建设要围绕方便市民出行来考虑，提倡窄马路、密路网、小街区开发模式，提升城市环境质量，建设宜居且富有活力的现代化城市住区；同时，项目按照高标准的城市形态规划建设，从设计到设施建设都以提高居民生活品质为核心。

项目规划布局可概括为两区、六核、四街区，两区为两个主要居住区，各自既独立，又相互关联；既将住区融入城市，又便于开发建设工作的开展。六核是沿城市道路依次布置的 6 个街区广场，是住区的核心，辐射周边的区域重要商业广场。四街区为 4 个开放式街区居住单元，通过设置底部架空活动层与楼栋联系廊道，组织多层次、全天候的公共活动空间。

院落空间　　入口广场　　景观步道　　公共广场

开放街区

集中配套，交往院落

开放绿地，互动广场

百年住宅整体解决方案

项目百年住宅整体解决方案实现 SI 住宅支撑体与填充体分离体系，增强主体结构的耐久性；尽可能取消室内承重墙体，为填充体及套内空间的灵活可变创造条件，以适应建筑全寿命周期内各阶段所需。主体结构、内装部品和设备管线三者完全分离，通过前期设计阶段对结构体系的整体考虑，有效提高后期施工效率，合理控制建设成本，保证施工质量与内装模数的对接，并方便今后检查、更新和增加新设备。作为北京市的保障性住房产品，为后期可以便捷更换装修部品，甚至政策性住房之间的调整，提供了便利和可能。

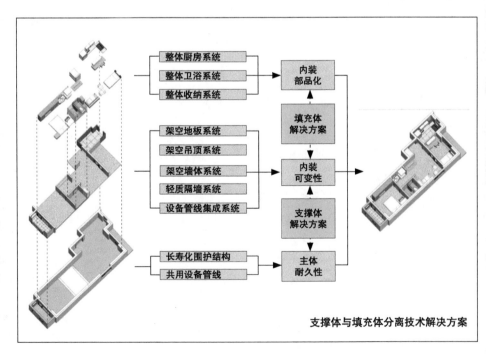

支撑体与填充体分离技术解决方案

新型城镇化和谐宜居规划建设

项目整体规划建设中，力求通过标准化设计和工业化建造技术，解决在快速、大量建设的同时，提高效率和保证质量的问题；通过适应可变性和功能精细化设计，解决满足对居住的更高需求，适应全生命周期需要的问题；通过建立与城市互动的开放式住区，解决实现住区、城市和谐共融，并带动整个区域发展的问题；通过打造与环境共生型绿色居住区，解决更节能减排，更环保、可持续，改善区域微气候的问题。

以绿色建筑·海绵城市·低能耗建筑和智慧建筑技术打造保障性住房绿色住区

项目以可持续发展为理念，以绿色、智慧技术为支撑，以先进的管理为手段，达到节约资源、保护环境、高效运行的目的，为住户提供环境优雅、生态平衡和生活便利三效合一的居住区。构建了一套完整的指标体系，用于指导绿色住区的建设。指标体系内容涵盖了居住区规划、设计、施工和运行管理阶段的内容，实现了对项目全生命周期的把控。在实现绿色住区技术方面，开发绿色建筑、海绵城市、低能耗建筑和智慧运维四大技术。取得三星级绿色建筑评价标识和 LEED-ND 金级认证。

采用市政中水，非传统水源利用率 > 30%。

主体产业化和内装产业化，高强度混凝土和钢材。

节水器具、高效节能围护结构、节能照明。

采用浅色高性能透水砖铺装，铺装率 100%。

传统绿色建筑三星级项目增量成本降低 30% 以上，取得了较大的经济效益。

低能耗建筑

玻璃钢外窗	内装与主体	照明系统	节能电器	太阳能热水
较常规的断桥铝，其传热系数达到设计标准要求的高效节能窗。	工业化生产的厨房和卫生间，全套部品在现场拼装，缩短工期，节省成本。	节约照明用电，减少发电对环境的污染，节约一次能源。	节能变压器 + 节能电梯 + 节能水泵、风机，运行高效节能、绿色环保。	将太阳光能转化为热能，以满足居民生活需求。

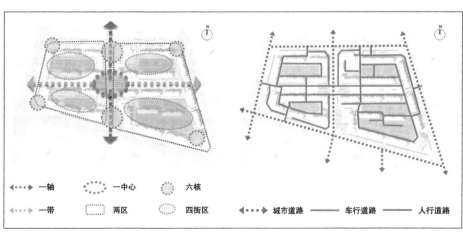

图例		
◄⋯► 一轴	⬭ 一中心	● 六核
◄⋯► 一带	▭ 两区	⬭ 四街区
◄⋯► 城市道路	— 车行道路	— 人行道路

■项目装配式主体与内装集成技术

项目从建筑设计源头制定实施住宅产业化路线，采用装配式主体与内装，工厂预制、现场装配，并整合大量集成技术和部品。技术措施包括：（1）外墙全部采用预制；（2）无底商楼栋从首层装配；（3）叠合板选择大板块，提高效率；（4）项目采用管线分离技术，预制构件内无电气管线预埋。

项目主体结构产业化进行了项目建设全产业链整合升级，通过全建设周期 BIM 技术的应用，设计阶段就解决了制造、运输、施工中的矛盾冲突，提高了模具使用效率，且进度、成本可控；实现了施工队伍的专业素质提升。主体结构产业化也促进了环境改善，有效降低环境污染，解决了污水排放、建筑垃圾、工地扬尘、施工噪声等问题，降低了各项损耗。同时，工厂生产自动化水平高，废品率极低，产业化项目整合能力强，也带来了制造品质的提升。

T4 型预制计算

PC构件	预制量（m³）	总量（m³）	预制率（%）	占比例（%）	备注
外 墙	247.99	403.66	61.43	48.03	仅统计外墙
内 墙	39	270.28	14.43	32.16	—
阳光板	69.43	91.14	76.18	10.84	—
空调板	18.98	27.27	69.60	3.24	—
楼梯板	253.80	25.80	100	3.07	—
女儿墙	18.79	22.37	84	2.66	—
合 计	419.99	840.52	49.97	100	—
楼 板	2664.83	3687.84	72.26		面积比

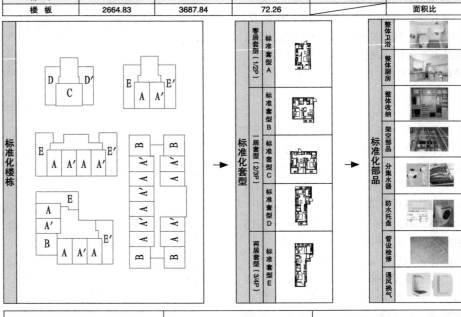

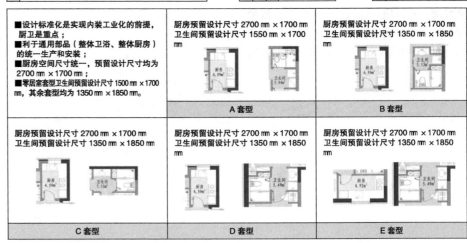

■设计标准化是实现内装工业化的前提，厨卫是重点；
■利于通用部品（整体卫浴、整体厨房）的统一生产和安装；
■厨房空间尺寸统一，预留设计尺寸均为 2700 mm×1700 mm；
■零居室套型卫生间预留设计尺寸 1500 mm×1700 mm，其余套型均为 1350 mm×1850 mm。

厨房预留设计尺寸 2700 mm×1700 mm
卫生间预留设计尺寸 1550 mm×1700 mm

A套型

厨房预留设计尺寸 2700 mm×1700 mm
卫生间预留设计尺寸 1350 mm×1850 mm

B套型

厨房预留设计尺寸 2700 mm×1700 mm
卫生间预留设计尺寸 1350 mm×1850 mm

C套型

厨房预留设计尺寸 2700 mm×1700 mm
卫生间预留设计尺寸 1350 mm×1850 mm

D套型

厨房预留设计尺寸 2700 mm×1700 mm
卫生间预留设计尺寸 1350 mm×1850 mm

E套型

■ 项目功能空间高品质集成技术

　　由于公共租赁住房的套型建筑面积较小，基本功能空间欠缺、精细化设计与居住者的需求相脱节的问题突出。存在同等建筑面积的套型，由于家庭结构的不同，其适应性较差的问题，没有考虑日后家庭人口变化的问题。传统的设计方法对于部品设备、管线的标准化、集成化考虑较少，无法实现居住品质的优良化。

　　项目在套内空间设计上，注重在限定的面积标准内最大限度地满足居住需求和优化空间布局。不仅在有限的面积内实现基本的居住功能，兼顾经济性与舒适性；同时具备对家庭结构、生命周期的适应性和面向老龄化社会的适应性。

项目以高起点、高标准、高质量的可持续居住环境建设理念为基础，提高了建筑的使用寿命，提升了建筑的利用价值。实创青棠湾项目引入工业化设计建造模式，采用标准化、模块化设计，在工厂内成批生产各种部品构件，在施工现场采用 SI 建筑集成技术装配完成，提高了施工效率和建筑质量。

项目整体实施的产业化、装配式建筑、绿色建筑等理念，其成功建设将带动北京乃至全国绿色居住区的推广落实。对当前我国大力推进装配式建筑发展背景下的保障性住房和商品住房的建筑主体和内装产业化建设全面实施，具有重要的示范和借鉴作用。

高起点：北京市面向公共租赁用的国际高水准、高品质绿色宜居住区

项目以"绿色街区、品质生活、创新未来"为主题，秉承绿色发展理念开展公租房住区规划建设，推动了保障性住房生产方式和城市建设供给模式的转型，构建了高端的新型城市保障性住区建设体系。通过大力建设绿色可持续宜居住区，全面实施建筑产业化集成技术；不仅实现了可持续环境建设，而且极大地改善了民生。

高标准：中关村国家自主创新区的新型城镇化和谐宜居规划建设示范区

项目从注重量变转向注重质变，突出保障性住房建设发展的供给侧结构性改革。扩大有效和优良性能的建设供给，增强供给结构对需求变化的灵活适应性。使供给体系更好地适应需求的结构性变化，提高全要素生产率；更好地满足广大人民群众的需要，促进社会持续健康发展。项目在带动全国建筑主体和内装装配技术产业化建设全面发展上，也具有重要的借鉴作用。

高质量：北京市保障性住房全面工业化建造方式的装配式住宅技术示范区

项目以国际先进可持续发展建筑产业化理念和装配式技术，全面提高建筑工程的质量效益和建设效率，以便实现建筑业节能减排和可持续发展的建设目标。项目提升了公共租赁住房全寿命期内的资产价值和使用价值，实现了标准化大规模部品的成批量生产与供应。通过产业链集成协同模式创新，以设计标准化、部品工厂化、建造装配化实现了技术的市场化落地。具有良好的产业化前景和极大的推广价值，科技创新推动促进作用明显，取得了良好的经济效益、社会效益和环境效益。

天津天房盛庭名景花园

Tianjin Reality Development

为落实《天津市实施绿色建筑行动方案》，天房集团积极围绕"健康、舒适、安全、环保"的建设策略布局绿色建筑推广工作。盛庭名景百年住宅示范项目是天房集团打造的绿色可持续建筑品牌，实现了集成技术应用的体系化、规模化和适用化。在国家建设资源节约型、环境友好型社会的大背景下，实现了创新驱动、绿色发展的品牌示范和技术引领升级。

天房盛庭名景百年住宅示范项目是天津市首个住建部内装工业化示范项目，同时也是百年住宅试点项目之一，取得了绿建三星设计标识证书，通过了住宅 3A 性能认定。示范项目本着世界标准和高点定位实施策略，因地制宜地对一系列成熟适用的绿色低碳技术进行了最优组合和集成，创建"中国好房子"的高质量发展的全国样板。

项目统筹：中国房地产业协会
　　　　　中国建设科技集团股份有限公司
开发建设：天津市华景房地产开发有限公司

设计研发：中国建筑标准设计研究院有限公司
内装设计：北京建王建筑环境设计院有限公司
建设施工：天津市三房建建筑工程有限公司
　　　　　天津富凯建设集团有限公司
内装施工（样板间）：北京国标建筑科技有限责任公司
　　　　　　　　　　天津市江金装饰工程有限公司
部品集成（样板间）：远大住宅工业集团股份有限公司
　　　　　　　　　　苏州科逸住宅设备股份有限公司
　　　　　　　　　　上海唐盾材料科技有限公司
　　　　　　　　　　松下电器（中国）有限公司

项目位置：天津市北辰区
建筑面积：53700m^2

■ 项目整体技术解决方案

项目住宅工业化整体解决方案

主体结构：大空间现浇钢筋混凝土剪力墙结构、SI体系结构耐久性设计100年。

内装部品：采用装配式的内装集成体系，并采用了内装分离与集成技术和模块化部品体系。

高开放度主体结构

项目SI住宅支撑体以其耐久年限达到100年为前提，最大限度地减少结构所占用的空间，尽可能实现大空间布局。盛庭名景百年住宅示范项目采用的是现浇钢筋混凝土剪力墙结构，但通过结构大空间规整化布局方式，实现了主体结构的高开放度。

易维护与可分离内装部品

项目通过双层楼面、顶棚、墙体将建筑骨架与内装、设备分离，当内部管线与设备老化时，可以在不影响结构体的情况下进行维修、保养，并方便地更改内部格局，以此延长建筑寿命。最大限度地保障社会资源的充分、循环利用，使住宅成为全寿命、耐久性高的保值型住宅。项目SI住宅技术兼具低能耗、高品质、长寿命、适应使用者生活变化等特点，体现了资源循环利用的绿色建筑理念。

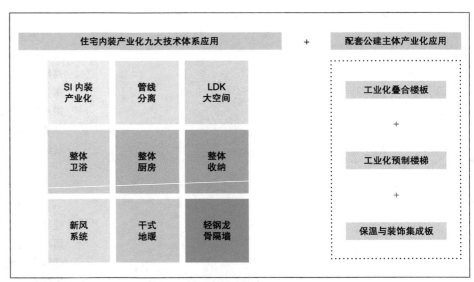

■ 项目高质量与高品质集成技术

施工品质保证的集成建造技术

1. 大空间与 100 年的耐久设计（现浇钢筋混凝土框架 – 剪力墙结构），内装全干式工法；

2. 整体卫浴等通用部品。

可持续居住长久价值的集成技术

1. 高耐久性结构体；

2. SI 分离工法；

3. 集成技术（给水分水器、单立管排水集成接头、板上同层排水）；

4. 高耐久性外立面围护结构、部品及涂料；

5. 大空间结构及开放感的空间；

6. 管道检查口。

高性能设施与部品的集成技术

1. 新风技术；

2. 地暖技术；

3. 适老产品系统；

4. 三玻平开铝合金断热门窗；

5. 洗衣机防水盘；

6. 厨卫直排系统；

7. 环保内装材料；

8. 居家全收纳系统。

二氧化碳排放量消减的集成技术

1. 能源消耗可视化系统；

2. 铝合金百叶遮阳系统；

3. 公共部位及入口门厅 LED；

4. 高等级保温隔热性能；

5. 节能器具；

6. 屋顶绿化。

■ 项目六大性能保障集成技术

1. 住宅环境性能保障技术

优良住宅环境性能：合理的用地与规划；通畅的道路交通；完善的市政基础设施；美观简洁的建筑造型；合理的绿地配置，绿地率 40%；丰富的植物绿化栽植；完善的室外活动场地；达标的室外噪声与空气污染控制。

2. 住宅耐久性能保障技术

项目耐久性能达到百年住宅标准要求。主体结构体系：现浇钢筋混凝土剪力墙结构，结构的耐久性措施达到设计使用年限 100 年的要求。

3. 住宅隔声性能保障技术

楼板：采用隔声楼板技术。

分户墙：采用 ALC 蒸压加气混凝土板且设置轻钢龙骨石膏板架空层。

套内隔墙、门窗、分户门、排水管材、电梯等设备用房、电梯井道等部位均采取有效的隔声措施。

4. 住宅品质性能保障技术

项目采用分离式卫生间、整体卫浴、给水分水器、洗衣机托盘地漏、全热交换式新风系统等保证住宅品质性能的设计措施和内装部品集成技术。

5. 住宅经济性能保障技术

本项目按绿色建筑三星小区设计。节能按国家标准《民用建筑节能设计标准》以及《天津市居住建筑节能设计标准》来设计，达到 75% 的标准。通过合理的设计以及地下空间的高效利用来实现节地。

6. 住宅安全性能保障技术

对讲及门禁系统：各单元间对讲及门禁可实现小区联网，并接至小区保安监控室。安防系统：防盗报警系统、燃气泄漏报警探测器及紧急呼救按钮、监控摄像机；火灾自动报警系统及消防联动系统；无障碍设施。

整体厨房

整体浴室

整体收纳

坐便器

整体洗面台

洗衣机托盘

门厅折叠凳

呼吸砖

木作制品

分水器

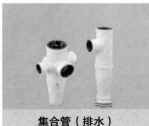

集合管（排水）

顶棚收边条

顶棚检修口

地面检修口

墙面检修口

■ 项目适应性产品设计集成技术

　　项目设计从家庭对普适性住宅居住功能的完备性和面积空间能效性要求入手，从满足核心家庭的居住功能需求出发，实现功能的优化集约。在住宅设计中提出了由综合型门厅空间、交流型 LDK 空间、多用可变型居室、分离型卫浴、家务型厨房、系统型收纳构成的，具有六大功能系统的全功能住宅体系。主要套型系列包括：

　　1. 项目改适型产品系列设计研究

　　居住人口及家庭组成变化多，在居住过程中，能够灵活应对不同家庭成员的需求。强调住宅全生命周期内居室的可变性与适应性。

　　2. 项目稳居型产品系列设计研究

　　居住人口变化小，长期稳定的家庭组成，强调各功能空间的独立性和交流性，收纳空间充足。

工业化与产业化全面实施		
	1 调整结构形式	控制体形系数、优化结构，深入调整柱、梁布置方式
	2 细化核心筒	核心筒的优化
	3 规整楼栋和套型结构	楼栋套型方正规整，工业化的定制与实施
功能空间配置全面细化	4 设计 LDK 空间一体化	套内功能空间布局，融通的一体化空间
	5 设计多功能居室	根据居住者的使用需求灵活设置和利用
	6 设计综合型门厅	提高利用效率
	7 设计整体卫浴	标准化模块
卓越住宅实现宜居生活	8 设计整体厨房	标准化模块
	9 设计标准化门窗和空调板	标准化的门窗尺寸和空调板尺寸
	10 设计整体收纳	标准化的套内收纳系统，如卧室、洗浴、厨房、阳台等

改适型系列主力套型 A	稳居型系列主力套型 B
■夫妇两人 + 父母 +1 小孩 　夫妇两人 + 小孩 + 书房 　夫妇两人 + 父母 + 保姆套间 　夫妇两人 + 书房 + 开放厨房 ■两居面积：85 ㎡	■夫妇两人 +1 小孩 　夫妇两人 + 父母 ■两居面积：92 ㎡

项目通过百年住宅集成建造方式建造住宅，由于高品质百年住宅增量成本可控、销售溢价较大等优势，而得到市场的高度认同。

作为百年住宅项目，绿建三星设计标识和3A住宅性能认定是衡量百年宅的重要指标，天房盛庭名景百年住宅示范项目通过采用成熟适用的绿建技术打造精品节能低碳住宅，提升产品品质，实现了口碑和市场的双赢。

国际水准百年住宅示范——可持续居住环境建设理念

天房盛庭名景百年住宅示范项目为天房集团在天津开发建设的首个中国百年住宅示范项目，示范项目以国际水准的可持续居住环境建设理念进行全面研发实践创新。

地产行业品质引领标杆——长寿化、高品质、低能耗的百年传承产品

天房盛庭名景百年住宅示范项目建设长寿化、高品质、低能耗的百年传承产品，以可持续居住环境的长久价值在住宅市场举起一个鲜明的地产行业品质引领标杆。

集成技术升级品牌项目——围绕四大集成系统及其数十项产业化技术

天房盛庭名景百年住宅示范项目以新型建筑产业化和工业化生产建造方式，大力推动中国住宅建造发展方式的技术转型升级。

山东海尔世纪公馆

Shandong Haier

　　海尔世纪公馆百年住宅示范项目是海尔地产的首个新型技术集成创新之作，项目秉承了百年住宅的"四化"理念，集合了海尔智慧住宅、智慧社区的特色资源，实现了居住生活空间的个性化与多样化需求。百年住宅采用大空间结构体系，并植入全生命周期套型设计理念，满足了家庭不同阶段的空间需求。

　　海尔世纪公馆项目采用主体＋内装 SI 工业化技术体系；主体采用现浇剪力墙结构＋预制水平构件，内装采用先进技术集成体系的干式地暖、整体卫浴、整体厨房、新风系统、水质保障系统、环保材料与免漆木作系统等。同时，运用智慧家居系统，实现人性化与智慧设计，为用户创造高效、舒适的智能生活。

项目统筹：中国房地产业协会
　　　　　中国建设科技集团股份有限公司
开发建设：青岛海筑房地产开发有限公司

设计研发：中国建筑标准设计研究院有限公司
内装设计：海骊建筑装饰设计（上海）有限公司
建设施工：青岛中建联合建设工程有限公司
部品集成：青岛海尔智能家电科技有限公司
　　　　　上海唐盾材料科技有限公司
　　　　　三菱重工空调（上海）有限公司等

项目位置：青岛市市北区蚌埠路 15 号
建筑面积：49900m^2

■ 项目整体技术解决方案

智慧百年住宅整体解决方案

海尔世纪公馆百年住宅示范项目以打造精工宅、百变宅、智慧宅、健康宅为理念。结合海尔智慧社区、智慧家居的理念，打造全新的智慧百年住宅。

精工宅：项目主体采用高耐久性结构主体设计，内装采用优良化部品及干式工法，提高了住宅的施工质量和精度。

百变宅：项目在大空间结构设计的基础上，采用 SI 技术体系，将主体和内装及管线分离，大大提高了住宅内部的灵活可变性。满足了住户的多样化居住需求与设备管线日常维护的便捷性需要。内部轻质隔墙体系易于住户后期自行改造，使住宅达到可持续型优良社会资源的要求。

智慧宅：项目以住宅为平台，利用综合布线技术、网络通信技术、安全防范技术、自动控制技术、音视频技术将与家居生活有关的设施集成，构建高效的住宅设施与家庭日常事务的管理系统，提升家居安全性、便利性、舒适性、艺术性，并实现环保节能的居住环境。

健康宅：项目通过新风除霾系统、除醛调湿系统、净水系统、静音系统、环保建材等的使用，进一步提升住宅品质，保障居住者多层面的健康需求。

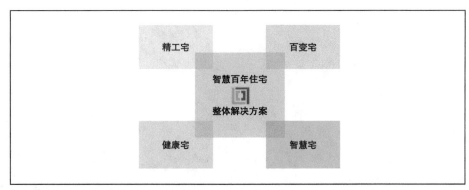

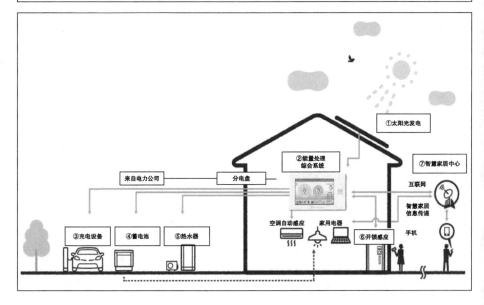

■ 项目智慧住区技术集成系统

海尔世纪公馆百年住宅示范项目通过搭载智能化技术，为居住者提供高品位的百年居住环境。项目的百年住宅智能化技术包括智能家居系统和智慧社区系统两大板块。

智能家居系统集成技术

海尔世纪公馆百年住宅示范项目智能家居系统基于智能灯光控制系统、环境智能控制系统、家电智能控制系统、智能电子门锁系统、智能报警系统，全方位提升住宅品质，打造智能、舒适的居住适应性住宅。

智慧社区系统集成技术

海尔世纪公馆百年住宅示范项目智慧社区系统以打造安全宜居社区为目的，搭载安全防范系统、访客管理系统、出入管理系统、公共广播系统和物业管理系统。

海尔百年住宅智能化系统		
1 智能家居系统		2 智慧社区系统
1.1 灯光智能控制		2.1 安全防护系统
1.2 环境智能控制		2.2 访客管理系统
1.3 家电智能控制		2.3 出入管理系统
1.4 智能电子门锁		2.4 公共广播系统
1.5 智能报警系统		2.5 物业管理系统

序号	模块名称		功能
1.1	灯光智能控制		可控制房间内的所有灯光回路，通过手机APP或墙面控制面板实现灯光系统的场景控制，如会客模式、睡眠模式、学习模式、电影模式等
1.2a	环境智能控制	空调控制	可通过手机APP控制空调系统的运行，调整空调系统的各项参数，如温度、湿度、风速和运行时间
1.2b		新风控制	可通过手机APP控制新风系统的运行，调节新风系统的风速和运行时间
1.3	家电智能控制		通过手机可远程控制家电设备的运行和相关技术参数
1.4	智能电子门锁		具备生物识别技术的智能门锁，具有报警功能
1.5	智能报警系统		包括紧急求助报警、漏水监测报警、燃气泄漏报警等

序号	模块名称		功能
2.1a	安全防护系统	视频监控系统	实时监控重要区域、录像、视频回放
2.1b		周界防护系统	防止非法入侵园区，实时报警
2.1c		防盗报警系统	防止非法入侵住户，实时报警
2.1d		电子巡更系统	针对保安巡逻的管理
2.2	访客管理系统		可实现业主、访客、管理中心三方的可视对讲，可远程开锁、监视门口机；可与电梯联动，实现室内机叫梯，控制访客及业主到达指定楼层；可与出入口管理系统联动，实现业主手机APP、IC卡、密码等方式开启单元门
2.3a	出入管理系统	门禁管理系统	控制非授权人员进入小区及单元
2.3b		车辆出入管理	控制非授权车辆进入小区
2.4	公共广播系统		提供背景音乐，应急时作为应急广播
2.5	物业管理系统		建立物业管理平台，具有物业信息管理、物业人员管理、收费管理、维修服务管理、通知公告等功能

■ 项目宜居大空间设计集成技术

　　项目合理控制楼栋体形系数，满足楼栋对于节能、节地、节材等的要求。采用大空间结构体系，尽可能减少套内承重墙体，为套型多样性和全生命周期变化创造条件。

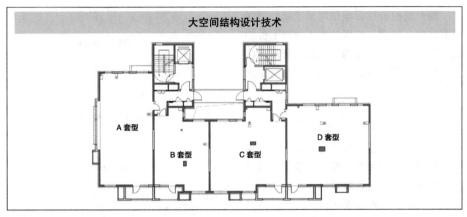

大空间结构设计技术

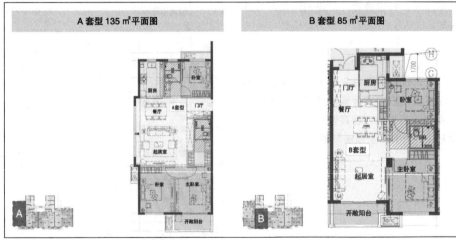

A 套型 135 ㎡ 平面图

B 套型 85 ㎡ 平面图

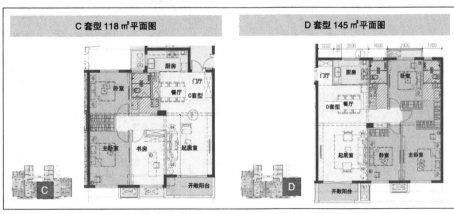

C 套型 118 ㎡ 平面图

D 套型 145 ㎡ 平面图

SI 集成技术	优良化集成技术
①局部架空墙体集成技术	整体卫浴系统
②轻钢龙骨隔墙集成技术	整体厨房系统
③轻钢龙骨吊顶集成技术	整体收纳系统
④局部架空地板集成技术	24 小时新风系统
⑤干式地暖技术	智慧家居系统
⑥同层排水技术	分集水器供水系统
⑦管线分离与集成技术	故障检修系统
	呼吸砖净化系统
	洗衣机托盘排水系统
	适老性部品系统
	净水软水系统
	燃气报警系统

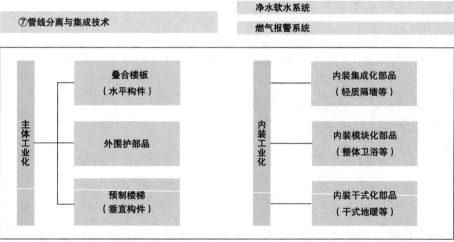

主体工业化	叠合楼板（水平构件）	内装工业化	内装集成化部品（轻质隔墙等）
	外围护部品		内装模块化部品（整体卫浴等）
	预制楼梯（垂直构件）		内装干式化部品（干式地暖等）

为加快智慧城市、智慧住区、智慧住宅的建设，海尔集团通过自身优势与房地产业结合打造的 U-home 智慧生活开放平台，为家电制造厂商、智能硬件创业团队、系统集成商、生活服务商提供完整的接入方案及流程。

海尔世纪公馆百年住宅示范项目基于自身的智慧生活开放平台理念和实践，创新建设智慧型百年住宅住区样板，实现了项目的高质量定位与目标。

项目的企业品牌价值示范——打造世纪公馆品牌项目、树立企业示范形象

海尔集团作为智慧住宅领域的先行者之一，采用百年住宅建设技术体系，再一次拓展了自己的品牌价值，增加了住宅的科技含量，有效延长了住宅寿命。

项目的住宅产品升级——打造国际水准、全国领先的示范住宅项目

百年住宅作为优势品牌，通过每一次示范项目的升级研发实践，不断提升自身的品牌价值，在海尔世纪公馆百年住宅示范项目中形成独具特色的"智慧型"百年住宅，形成良好的示范作用。

项目的市场需求品质优良——打造以市场需求为导向、具有优良品质的住宅

海尔世纪公馆百年住宅示范项目采用以人为本的住宅功能空间设计，以及内装部品整体技术解决方案，采用确保主体耐久长寿、内装灵活可变的 SI 技术体系，全面有效地整体提升住宅的综合品质，为社会留下优良的住宅资产。

项目的绿色宜居可持续性——打造绿色宜居的持续性、环保节能住宅

海尔世纪公馆百年住宅示范项目通过系统完整的技术集成措施，完善居住空间环境性能，使建筑在满足使用需要的基础上最大限度地减轻环境负荷，满足人们对可持续性绿色低碳居住环境的需求，同时适应住房需求的变化。

项目的宜居居住环境——打造健康型、智能智慧型的宜居住宅区

由于人们在住房需求概念上的变革，从以往追求居住的物理空间和豪华的装修，向着享受现代文化精神生活与浪漫生活情趣的方向发展。尽管智慧住宅在我国刚刚起步，但必将成为未来住宅市场的主流。

北京当代西山上品湾 MOMA

Beijing Modern Land

设计中

　　当代西山上品湾 MOMA 百年住宅示范项目，以新型建筑工业化生产方式的转型升级，最终引领人们生活方式的改变；建设长寿住宅、实现百年人居。百年住宅与当代置业的第三代绿色建筑理念相结合，以建筑全装配系统集成为基础，重点关注建筑绿色实践和用户体验；以绿色节能和高舒适度为目标，进行工厂化装配式房屋建造。

　　当代西山上品湾 MOMA 项目围绕百年住宅品牌，突出四化核心价值观，是理念与技术的双向创新，从建筑设计源头引领示范新型建筑产业化与工业化项目建设。

项目统筹：中国房地产业协会
　　　　　中国建设科技集团股份有限公司
开发建设：当代置业（中国）有限公司

设计研发：中国建筑标准设计研究院有限公司
　　　　　第一摩码人居环境科技（北京）股份有限公司
内装设计：五感纳得（上海）建筑设计有限公司

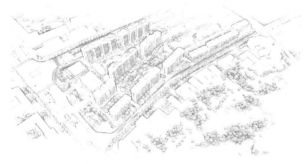

项目位置：北京市昌平区阳坊镇
建筑面积：50500m²

■ 项目整体技术解决方案

项目围绕百年住宅品牌，围绕百年住宅的四化核心技术体系，研发落地了整体技术解决与实施方案，实现了理念与技术的双向创新，从建筑设计源头把控新型建筑产业化与工业化集成技术的建设。

建设产业化全面实施	1. 深入调整结构形式 — 优化结构体系，形成大空间的灵活布局
	2. 细化核心筒 — 核心筒的优化，尽量减少对套内空间的影响
	3. 调整套型空间结构 — 套型空间更加规整，功能更加完善
功能空间配置全面优化	4. LDK 空间一体化 — 创新套内功能空间布局，创造融通的一体化空间
	5. 多功能居室 — 可根据居住者的使用需求灵活设置和利用
	6. 综合式门厅 — 门厅精细化设计，适应当代人居住需求
粒细设计实现宜居生活	7. 整体卫浴 — 集中展现百年住宅的技术核心和标准化模块
	8. 整体厨房 — 集中展现百年住宅的技术核心和标准化模块
	9. 标准化门窗尺寸 — 减少门窗尺寸类型
	10. 整体收纳 — 套内收纳系统，如卧室、洗浴、厨房、阳台等

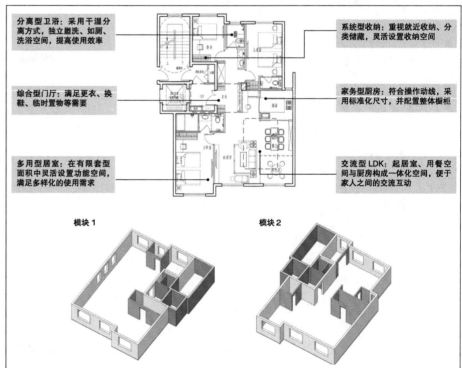

分离型卫浴：采用干湿分离方式，独立盥洗、如厕、洗浴空间，提高使用效率

综合型门厅：满足更衣、换鞋、临时置物等需要

多用型居室：在有限套型面积中灵活设置功能空间，满足多样化的使用需求

系统型收纳：重视就近收纳、分类储藏，灵活设置收纳空间

家务型厨房：符合操作动线，采用标准化尺寸，并配置整体橱柜

交流型LDK：起居室、用餐空间与厨房构成一体化空间，便于家人之间的交流互动

模块1

模块2

■ 项目全生命期空间与部品集成技术

住宅内装工业化建造实现支撑体与填充体完全分离，共用部分与私有部分区分明确；有利于使用中的更新和维护，实现100年的安全、可变、耐用。

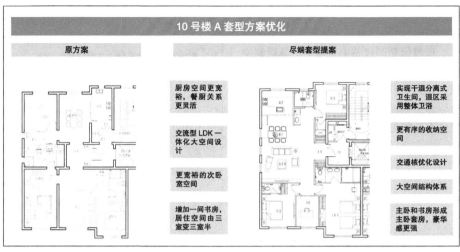

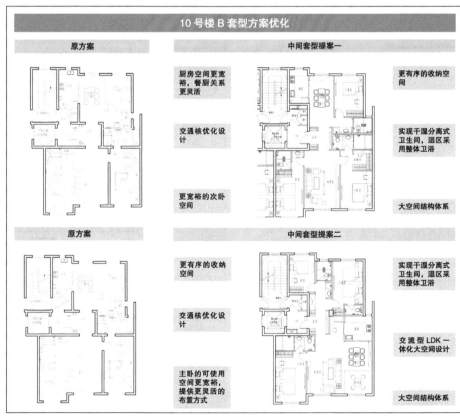

■ 项目高品质产品集成技术研究

百年住宅 + 绿色科技集成技术 + 健康舒适技术

项目绿色科技核心竞争力：取暖制冷的独特解决之道 + 空气质量的独特解决之道 + 能耗运行费用降低的独特解决之道 + 全生命周期的老龄化解决之道 + 可持续发展的产品领先之道。

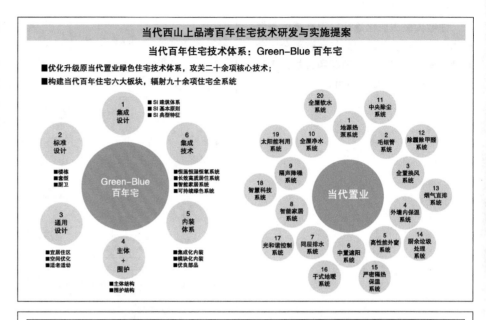

当代西山上品湾百年住宅技术研发与实施提案

当代百年住宅技术体系：Green-Blue 百年宅

■优化升级原当代置业绿色住宅技术体系，攻关二十余项核心技术；
■构建当代百年住宅六大板块，辐射九十余项住宅全系统

	绿色科技住宅	百年住宅
背景	绿色节能	可持续发展建设与建筑产业现代化
视角	绿色、节能、宜居	建设产业化、建筑长寿化、品质优化和绿色低碳化
目标	改善居住品质	百年人居价值 + 资产价值 + 社会价值
周期	家庭全生命周期	建筑全寿命周期 + 家庭全生命周期
支撑	绿建宜居技术	OB + SI 理念与工业化集成技术
基础	建筑物理与设备性能技术	建筑设计技术
环节	施工建造、运营维护技术	建筑规划设计、施工建造、运营维护、部品构件技术
成果	设备、建材、智能化 十项技术体系	一体系、三性能 二十多个大项、一百多个子项的住宅子系统

项目绿色科技集成技术

· 高质量住宅优化升级的技术；
· 绿色＋科技＋智能的技术；
· 当代住宅绿色科技体系；
· Green-Blue 百年宅双核科技技术；
· 绿色科技二十余项重点技术；构建
六大板块、九十余项住宅子系统 。

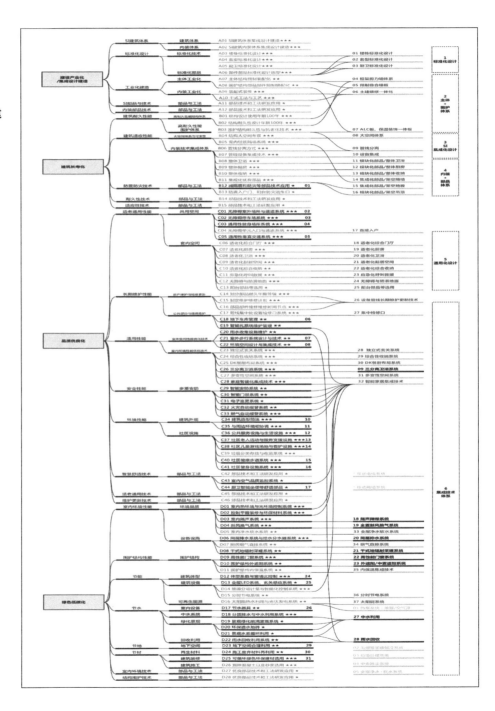

随着全球气候的变暖，世界各国对建筑可持续性的关注程度正日益增加，节能建筑成为建筑发展的必然趋势，绿色科技住宅也应运而生。欧洲当代绿色科技住宅从本质上讲就是节能型建筑，或称高效益的建筑。

第一代当代绿色建筑技术："告别传统空调暖气时代"技术系统；

第二代当代绿色建筑技术：热泵系统＋顶棚辐射系统＋置换式新风系统；

第三代当代绿色建筑技术：I-Building智能建筑解决方案。

项目的I-Building集成技术建立在建筑结构和设施的基础上，为业主提供先进的控制和管理手段及增值服务，它由BAS（楼宇自动化系统）、IAS（信息自动化系统）和CNS（通信及网络系统）组成，包括多个子系统。建筑自动化系统（BAS）对电气设备、暖通空调设备、给排水设备、交通运输设备、安保监控设备和消防报警设备等进行监测、控制和管理，在保证安全性和舒适性的前提下，最大限度地节省能耗和降低运行维护管理费用。通信及网络系统（CNS）是信息交换和共享的基础，提供语音、数字、图像等多媒体信息流通的通道，保证建筑物内部及其同外部世界的信息交换和共享。信息自动化系统（IAS），信息系统在CNS和BAS的基础之上，提供信息的综合利用和各种服务的功能，并随着技术的发展和信息资源的积累，进一步提供增值服务，是建筑物适应社会信息化发展的关键。

项目的I-Building是以建筑全装配系统集成为基础、采用BIM+物联网信息化手段进行管理及数据收集，重点关注建筑智能化和用户体验，以绿色节能和高舒适度为目标，进行工厂化装配式房屋建造。

与传统方式建造房屋相比，I-Building绿色智能建筑工期缩短50%～70%、可重复回收材料70%～90%，综合造价节约15%，节水60%，节地20%，建造环节节能50%，建筑使用周期节能80%以上，建筑垃圾减少80%，节材20%，现场作业工人减少70%，现场施工场地减少70%。而一般装配式建筑做法仅实现了结构的装配式，装配化率不到40%。

项目以新型建筑工业化生产方式的转型升级，引领人们生活方式的改变；建设高品质长寿化住宅，实现百年人居的绿色可持续梦想。

北京丰科建泽信公馆

Beijing Fengkejian & Zarsion

丰科建泽信公馆根据居住者的实际需求，采用便利的智能化系统，包括智能灯光控制、卷帘控制。对空调的控制、新风系统的控制和地暖的控制等做了模式组合上的变化，选择了高效的控制程序。丰科建泽信公馆百年住宅项目坚持绿色、环保、节能等理念，在技术层面对品质住宅的深化更受到市场的高度认可。

丰科建泽信公馆百年住宅项目是北京首个百年住宅试点项目，秉承百年住宅、绿色建筑、智慧社区三大核心理念，将住宅年限及耐久年限延长至100年。与此同时，还满足了家庭不同时期的居住需求。

项目统筹：中国房地产业协会
　　　　　中国建设科技集团股份有限公司
开发建设：北京丰南嘉业房地产开发有限公司
　　　　　北京泽信地产有限公司

设计研发：中国建筑设计研究院有限公司
内装设计：中国建筑设计研究院有限公司
建设施工：江苏省苏中建设集团股份有限公司
内装施工：北京市金龙腾装饰股份有限公司
　　　　　浙江亚厦装饰股份有限公司
部品集成：苏州海鸥有巢氏整体卫浴股份有限公司
　　　　　广东松下环境系统有限公司
　　　　　北京鸿科联创科技发展有限公司
　　　　　北京黎明文仪家具有限公司
　　　　　北京宏森木业有限公司
　　　　　北京泽信融智科技有限公司

项目位置：北京市丰台区西四环看丹桥西
建筑面积：80600m²

■ 项目整体技术解决方案

住宅长寿化整体解决方案

项目的结构设计按使用年限 100 年进行设计。

项目的长期维护性：所有强、弱电管线均在装修吊顶内明管敷设，开关、插座管线走轻质隔墙夹层内。

项目的内装可变性：大板构造，全生命周期空间可变格局；管线集中布置，便于管理维修；轻钢龙骨石膏板隔墙，无损拆装、节能节材。

技术研发	性能优化
钢筋含量	整体提高 15%
混凝土强度	提高混凝土标号
最大水胶比	优化 10%
最大氯离子含量	优化 80%
保护层厚度	提高 40%
防水混凝土抗渗等级	提高到 P8

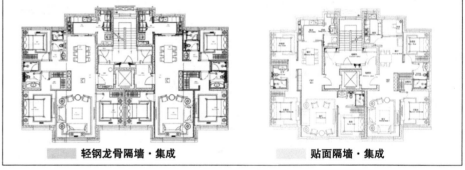

轻钢龙骨隔墙·集成

贴面隔墙·集成

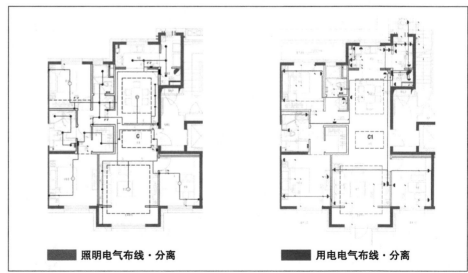

照明电气布线·分离

用电电气布线·分离

■ 项目整体技术集成

适用性能保障技术

可调节外遮阳系统：太阳直射辐射可直接进入室内的外窗，其透明部分面积80%以上有可控遮阳调节措施。

室内环境（温度控制）：户式 VRV 变频空调系统；燃气壁挂炉＋干式地板采暖。

室内环境（设备设施）：采用变频VRV 系统；设置全热新风换气系统，采用地板送风，过滤 PM2.5 达到 95% 以上；套内设置净水器，保证高品质水质及延长用水设备寿命。

环境性能保障技术

产品类型为 10 ～ 11 层板式小高层，容积率 1.85，绿地率 30%，低密度花园式社区；6 栋商品房环绕中心绿地打造优良品质房型，楼与楼之间营造出舒适的内院环境。

人车分流，停车场设于地下，为小区营造安全的室外活动场所。人行道路亦可在紧急情况下通行车辆；消防车、救护车等可到达各楼单元入口附近。

安全性能保障技术

结构安全：使用年限 100 年。

日常安全：小区人、车分流设计，保证行人安全。本工程设电梯刷卡入户系统，以及视频监控、可视对讲、电子巡更、围墙红外报警、停车管理等安全防范系统。在 6 号楼设安防监控中心。本工程采用TN-S 系统，入户做总等电位联结，带淋浴卫生间、监控中心、消防监控室、弱电间等设局部等电位联结。为防止火灾，在每栋楼总配电箱设总漏电保护开关。

■ 项目系统性高品质集成技术

·套内大板结构，无梁空间灵活可变；

·高品质陶板幕墙围护结构体系；

·可调节外遮阳系统；

·高性能门窗系统，K 值 ≤ 1.7；

·高效、灵活的燃气壁挂炉供热系统；

·舒适的地板辐射采暖系统；

·套内配备净水器；

·户式变频 VRV 空调系统，能效等级 1 级；

·高效新风换气系统，过滤 PM2.5 微粒 95% 以上；双向排风热回收装置，热能回收率 > 60%；

·太阳能集中制热、分户储热系统；

·设综合布线和有线电视系统，按三网融合布线考虑，光缆入户；

·设置能耗监测系统对公共区域水、电、气分类分项域计量；

·设置建筑设备监控系统，对电梯、车库照明、给排水、中水、供配电、送排风等系统进行监控。

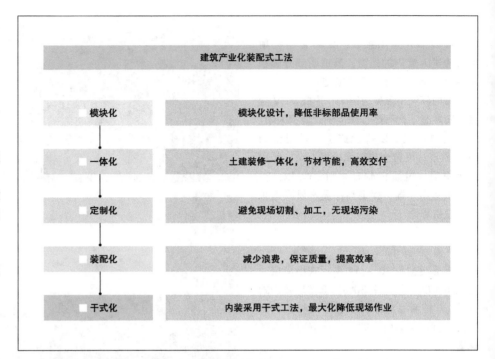

建筑产业化装配式工法	
模块化	模块化设计，降低非标部品使用率
一体化	土建装修一体化，节材节能，高效交付
定制化	避免现场切割、加工，无现场污染
装配化	减少浪费，保证质量，提高效率
干式化	内装采用干式工法，最大化降低现场作业

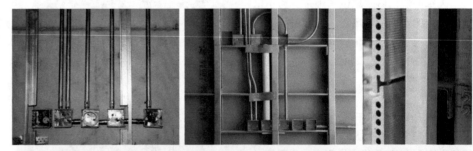

泽信控股联合中国建筑设计研究院的科研资源，用"整体创新、技术集成"的建筑科技，还原住宅本质。

项目建筑标准将水平抗震影响系数提高25%，使用年限也由普通住宅的50年提升至100年，成为按照使用年限及耐久年限100年设计建造的住宅项目。套内为大板结构，室内无承重结构墙体，功能空间灵活可变，独享全生命周期的居住空间，实现一宅一生。

项目均为精装10～11层低密度板楼，100～140 m²两房，在满足有高品质改善需求的客户各阶段居住所需的同时，实现了居住长久质量和价值。

项目获得了住房和城乡建设部颁发的《三星级绿色建筑设计标识证书》。以环保、节能和高宜居舒适度为特点，成为2015年执行新标准后的绿色建筑住宅项目。以百年住宅、绿色三星、智慧社区技术体系为支撑，打造出北京城区高品质楼盘。

河南碧源荣府

Henan Biyuan

设计中

碧源荣府项目是中原地区首个百年住宅项目。项目前期通过多规划提案比较，塑造具有地域环境特色的城市低密度景观型社区，建设具有高品质居住环境和完备服务设施的开放街区型宜居住区。

项目产品研发设计方面，基于生活方式比较分析、结合百年住宅大空间等特点，提出宽景型定制化产品。外围护设计基于百年住宅长寿化基本理念，展现多种类型的立面比较方案，通过考察调研相关内装国际部品、恒温恒湿部品等，提出在碧源荣府项目中的应用以及新技术、新理念的集成实施技术解决方案。

项目统筹：中国房地产业协会
　　　　　中国建设科技集团股份有限公司
开发建设：河南碧源控股集团有限公司

设计研发：中国建筑标准设计研究院有限公司
　　　　　北京中天元工程设计有限责任公司
部品集成：上海朗绿建筑科技股份有限公司
　　　　　好适特卫浴设备（上海）有限公司
　　　　　威可楷（中国）投资有限公司
　　　　　松下住建
　　　　　唐泽实业（上海）有限公司
　　　　　北京维石住工科技有限公司

项目位置：郑州市郑东新区北龙湖地区
建筑面积：46000m²

■ 项目整体技术解决方案

百年住宅高端宜居产品的设计研发

基于竞品比较分析以及百年住宅大空间 SI 体系等特点，提出高端定制化产品。依据《百年住宅建筑设计与评价标准》，确定百年住宅相关技术体系在碧源荣府项目中的应用以及新技术、新理念的实施集成技术体系。

绿色宜居住区的设计研发

建设低密度景观型社区，塑造具有地域环境特色、城市街区式的资源型景观社区，以及具有高品质居住环境和完备的公共服务设施的宜居住区。

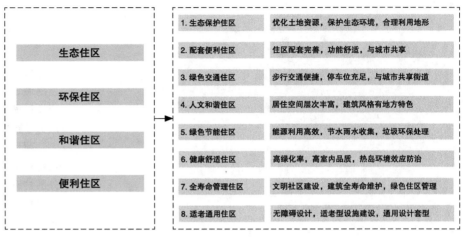

生态住区		1. 生态保护住区	优化土地资源，保护生态环境，合理利用地形
		2. 配套便利住区	住区配套完善，功能舒适，与城市共享
环保住区		3. 绿色交通住区	步行交通便捷，停车位充足，与城市共享街道
		4. 人文和谐住区	居住空间层次丰富，建筑风格有地方特色
和谐住区		5. 绿色节能住区	能源利用高效，节水雨水收集，垃圾环保处理
		6. 健康舒适住区	高绿化率，高室内品质，热岛环境效应防治
便利住区		7. 全寿命管理住区	文明社区建设，建筑全寿命维护，绿色住区管理
		8. 适老通用住区	无障碍设计，适老型设施建设，通用设计套型

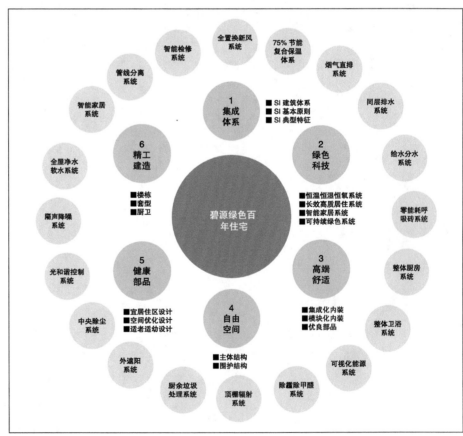

城市社区低密度景观设计集成技术

1. 社区观：项目注重与地域和城市和谐的居住社区建设。从"生活街区－住区广场－城市"的空间氛围营造生机活力，促进并提升本项目在树立人文社区方面的优势和品质。

2. 复合观：项目注重城市型复合功能居住社区建设。营造集居住、商业、娱乐、休闲等于一体的多样性共存和开放性的多功能大型社区，让社区充满生机与活力。

3. 环境观：项目力求塑造环境宜人的城市产品，重视城市住区步行的魅力、价值、品质，以及公共空间的营造。

4. 地域观：项目力求塑造尊重历史和城市街区景观的环境空间。强调规划设计、人文和历史环境的和谐性。

规划策略与实施研究

1. 功能复合、充满活力的中心；
2. 可步行的公共空间与社区；
3. 便利完善的公共服务设施；
4. 归属感且利于安防的组团；
5. 丰富的住区景观；
6. 适老化社区服务；
7. 与地方文化相结合；
8. 引导健康生活方式；
9. 引入公园与开敞空间。

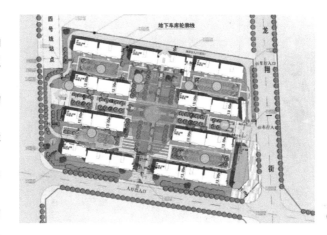

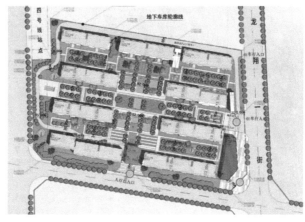

■ 项目装配式维护结构集成技术

・高端住宅建筑形式；
・区域内新地标新形象。

住宅类建筑立面的创意：
・受众的意象；
・色彩与用材；
・环保与节能；
・强调立面的耐久性。

简洁明快的城市风格：
・形体对比与穿插；
・色彩的淡雅气息；
・细节与质感对比。

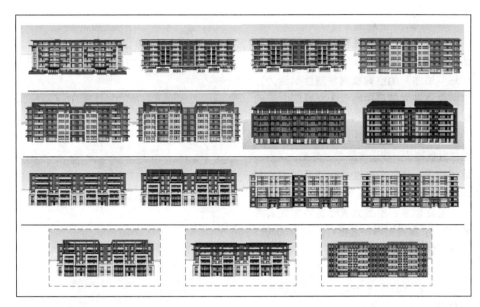

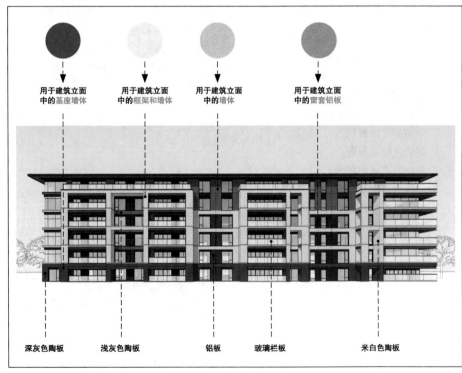

用于建筑立面　用于建筑立面　用于建筑立面　用于建筑立面
中的基座墙体　中的框架和墙体　中的墙体　　　中的窗套铝板

深灰色陶板　　浅灰色陶板　　　铝板　　　玻璃栏板　　　米白色陶板

■ 项目自由空间与产品集成技术

项目以居住创新打造百年住宅的核心竞争力，围绕百年住宅建造技术体系，攻关核心集成技术与部品技术，在相关住宅科技、住宅环境、材料设备、绿色智能化等多方面进行开拓，力求改变传统建造方式，实现高品质的产品建设。

干式内装技术	1 深入调整结构形式	结构体系，形成大空间的灵活布局
	2 细化核心筒	核心筒的优化，减少对套内空间的影响
	3 调整套型空间结构	套型空间规整，功能完善
优质空间技术	4 设计 LDK 空间一体化	起居室、餐厅、厨房交流型一体化空间
	5 设计多功能居室	根据居住者的使用需求设置和利用
	6 设计综合型门厅	利用高效
	7 设计整体卫浴	标准化模块
品质部品技术	8 设计整体厨房	标准化模块
	9 标准化门窗尺寸	标准化门窗
	10 设计整体收纳	套内收纳系统，如卧室、洗浴、厨房处等

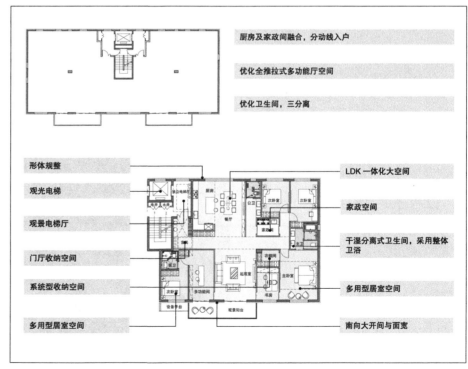

厨房及家政间融合，分动线入户

优化全推拉式多功能厅空间

优化卫生间，三分离

形体规整
观光电梯
观景电梯厅
门厅收纳空间
系统型收纳空间
多用型居室空间

LDK 一体化大空间
家政空间
干湿分离式卫生间，采用整体卫浴
多用型居室空间
南向大开间与面宽

项目以房地产的全新质量、优良品质与长久价值的新型标准为基础，建设重点攻关内装技术与部品集成，实施精工建造的工业化住宅品质整体解决方案。

项目产业化建设实施方案技术：

第一，创建了新型住宅工业化内装部品体系；

第二，设计标准化、部品工厂化、建造装配化的标准化部品体系；

第三，系统实施到设计、生产、施工、维护等产业链各个环节的保障体系。

碧源荣府百年住宅技术集成应用			
建筑长寿化	1	主体结构	剪力墙大空间体系
	2	保温系统	外挂板材＋保温体系
建设产业化	3	整体卫浴	
	4	整体厨房	厨房家政空间
品质优良化	5	优化水系统	全屋净水、软水系统
	6	恒温恒湿恒氧及新风除尘系统	分户式系统，除尘增氧调节湿度模块
	7	餐厨垃圾处理系统	除尘增氧除雾霾模块
	8	可视化能源监控系统	HEMS可视化能源监控系统
	9	智能家居系统	智能家居系统
	10	烟气直排系统	
	11	健康部品应用	杀菌、除臭壁纸，呼吸砖，适老化部品等
绿色低碳化	12	高性能外窗	外窗气密性能
	13	外遮阳系统	外置遮阳

项目以高品质的住宅产品性能保障为前提，其质量以实现功能的程度和持久性的度量为评价标准。

1. 项目力求全面提高住宅质量和性能，全面推行土建、装修一体化，打造精装成品住宅，起到了极佳的示范效应和积极的引领作用。

2. 项目以国际理念推进中国制造的长久化价值，力求打造具有地域特色的本土化住宅设计与建造高水准的百年品质工程。

3. 项目以引领中原地区转型发展的新模式，突破住宅市场开发商和施工、材料、部品企业各自为战的模式。发挥优势资源集群效益，共同完善住宅产业应有的产、学、研产业链。

国际水准百年住宅高端示范项目——可持续居住环境建设理念

项目以国际水准的可持续居住环境建设理念进行全面研发、实践创新。

地产行业品质引领标杆——长寿化、高品质、低能耗的百年传承产品

项目建设长寿化、高品质、低能耗的百年传承产品，以可持续居住环境的长久价值，在高端住宅市场举起鲜明的地产行业品质引领标杆。

集成技术升级品牌项目——围绕集成系统实施产业化技术

项目采用可持续新型建筑产业化和工业化的生产建造方式，大力推动住宅建造发展方式的转型和技术升级。

广东碧桂园茶山

Guangdong Country Garden

设计中

作为碧桂园集团首个百年住宅项目，碧桂园东莞茶山项目将以"新理念、新技术、新品质、新价值"的定位进行开发建设。

碧桂园茶山项目将对 SSGF 体系与百年住宅进行全面整合，以国际水准的可持续居住环境建设理念进行全面研发、实践与创新。该项目以建设长寿化、高品质、低能耗的百年传承产品为目标，以可持续居住环境的长久价值，在住宅市场打造地产行业品质引领的标杆。

项目统筹：中国房地产业协会
　　　　　中国建设科技集团股份有限公司
开发建设：碧桂园集团东莞市珀乐房地产开发有限公司

设计研发：中国建筑标准设计研究院有限公司
　　　　　深圳华森建筑与工程设计顾问有限公司

项目位置：东莞市中北部茶山镇中心
建筑面积：37100m²

■ 项目整体技术解决方案

SSGF 体系 + 百年住宅体系的整体解决方案

结构选型推荐：无梁楼盖。

1. 结构布置与 SSGF 体系结合度更高;

2. 套型空间组合方式灵活自由;

3. 与常规梁板体系对比，混凝土与钢筋用量稍有增加，成本可控。

大空间设计

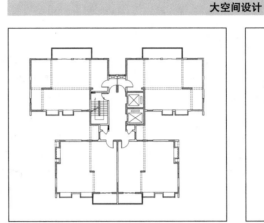

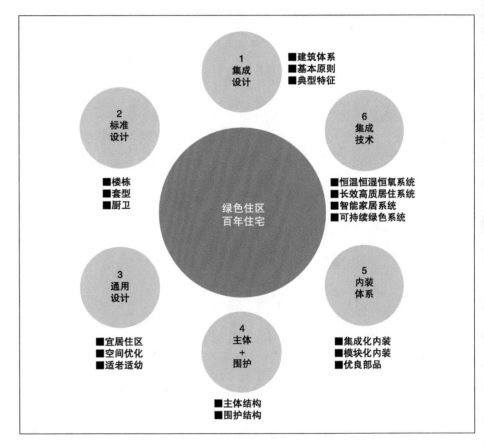

■ 项目标准化与空间集成技术研究

项目将建设长寿化、高品质、低能耗的百年传承产品，以可持续居住环境的长久价值在住宅市场打造地产行业品质引领的标杆。

三居套型

三居套型

单身套型

单身套型

儿童之家

儿童之家

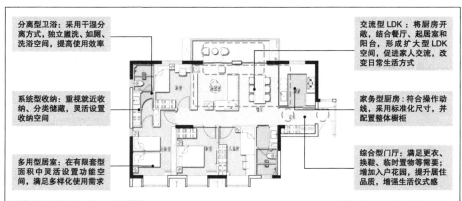

分离型卫浴：采用干湿分离方式，独立圈洗、如厕、洗浴空间，提高使用效率

交流型 LDK：将厨房开敞，结合餐厅、起居室和阳台，形成扩大型 LDK 空间，促进家人交流，改变日常生活方式

系统型收纳：重视就近收纳、分类储藏，灵活设置收纳空间

家务型厨房：符合操作动线，采用标准化尺寸，并配置整体橱柜

多用型居室：在有限套型面积中灵活设置功能空间，满足多样化使用需求

综合型门厅：满足更衣、换鞋、临时置物等需要；增加入户花园，提升居住品质，增强生活仪式感

新时期我国经济已由高速增长阶段转向高质量发展阶段。房地产业正在进行供给侧结构性改革，由数量开发阶段向高品质、高质量开发的阶段转型。如何提高住宅建造水平，实现高质量发展，成为新时代住宅建设领域的重大课题。

茶山二期项目将对 SSGF 体系与百年住宅进行融合，以国际水准的可持续居住环境建设理念进行全面研发、实践与创新。

碧桂园茶山二期百年住宅项目六大板块实施技术重点				
六大板块	技术重点	实施方案确认	备注	实施策略
1.SI 集成化设计	大空间体系	主体 + 轻质隔墙		百年住宅技术核心
	分离体系	主体、内装与设备管线分离		百年住宅技术核心
	设备（技术）集成体系	公共管井外置，管线集成	公共区域，套内区域	百年住宅技术核心
	耐久性设计	主体结构按耐久性 100 年设计	耐久性涉及方面很多，其中主体结构达到耐久性 100 年最为典型	百年住宅品牌价值
	适应性设计	全生命周期设计	适应性涉及方面很多，其中建筑全寿命周期适应家庭全生命周期最为典型	百年住宅品牌价值
2. 标准化设计	厨卫标准化设计	卫生间标准化	两三种尺寸模块两种尺寸模块	
3. 通用化设计	室内空间优化设计	综合型门厅	套型平面优化	套型营销卖点
		系统型收纳	套型平面优化	套型营销卖点
		交流型 LDK	套型平面优化	套型营销卖点
		分离型卫浴	套型平面优化	套型营销卖点
		多用型居室	套型平面优化	套型营销卖点
		开放式厨房	套型平面优化	套型营销卖点
	适老化设计	适老化设计	另有提案	亮点，结合样板间展示
	适幼化设计	适幼化设计	另有提案	亮点，结合样板间展示
4. 主体 + 围护体系	主体结构	剪力墙 + 梁柱体系；剪力墙 + 厚板体系		
	外墙及保温	干挂饰面；内保温	具体方案根据项目实际情况探讨	
5. 内装 + 部品体系	集成化	架空隔墙	局部，架空墙体，轻钢龙骨隔墙	百年住宅实施重点
		架空地板	局部地面	百年住宅实施重点
		架空吊顶	新风、水、电管线及内装设计	百年住宅实施重点
	模块化	整体卫浴	整体卫浴中集成的部品需另有提案	百年住宅实施重点
		整体厨房	整体厨房中集成的部品需另有提案	百年住宅实施重点
		整体收纳	立体化收纳空间设计	百年住宅实施重点
6. 集成技术体系	绿色节能系统	太阳能热水系统		百年住宅品质优化
		新风系统		百年住宅实施重点
	长效高质居住系统	光和谐控制系统	室内灯光设计	百年住宅品质优化
		除霾除甲醛系统	结合新风系统	百年住宅品质优化
		除湿防霉系统		百年住宅品质优化
		全屋净水软水系统		百年住宅品质优化
		同层排水系统	与整体卫浴的技术配合	百年住宅品质优化
		烟气直排系统		百年住宅品质优化
		餐余垃圾处理系统		百年住宅品质优化
	智能家居系统	列项待定		百年住宅品质优化

碧桂园集团以装配、现场、机电、内装等工业化为基础，与设计、施工、标准、采购等上下游产业链对接配套，形成了技术体系+管理体系的深度融合。SSGF工业化建造体系与百年住宅进行紧密对接，使SSGF工业化建造体系的成套技术成为百年住宅的创新发展之作。

在百年住宅试点建设的过程中，作为设计研发单位，始终以百年大计的品质为出发点，以建筑全寿命期理念为基础，以保证住宅质量和品质为目标。通过采用新型工业化、信息化与应用集成技术，在规划设计、施工建造、维护使用、再生改建等环节，全面实现建设产业化、建筑长寿化、品质优良化、绿色低碳化，提高住宅全生命周期的综合价值，发展可持续建设理念。随着百年住宅技术水平的创新提高，建设性价比也将大大提高。

项目以百年住宅创新发展理念力求实现：1.用百年住宅的先进理念，改变传统的房地产生产方式和消费模式；2.用百年住宅的技术创新，推动行业的转型升级，逐步形成一定的产业规模；3.以百年住宅的发展契机，促进住宅内装部品工业化，发挥百年住宅的先进性、代表性和示范性。探索积累经验，促进成果转化，逐步在全国示范推广，使百年住宅真正成为房地产市场的百年工程品牌。

北京城建朝青知筑

Beijing Urban Construction

设计中

　　在北京城建地产全面提升产品质量的宗旨下，城建朝青知筑项目提出了高品质住宅建筑全生命周期的产品设计目标，通过中国百年住宅示范工程实践，以整体工业化集成建造为手段，打造优良品质的住宅产品。

　　北京城建房地产开发有限公司的城建朝青知筑项目，以绿色环保宜居的百年住宅为理念，探索了创新型装配式住宅体系，集装配式结构与装配式装修于一体，形成工业化建造技术集成、结构大空间与可变空间、SI 住宅体系等技术特征，体现了主体结构耐久性与内部装修灵活性的统一，适应住宅全生命周期的居住需求。

项目统筹：中国房地产业协会
　　　　　中国建设科技集团股份有限公司
开发建设：北京城建房地产开发有限公司

设计研发：北京市建筑设计研究院有限公司
内装设计：五感纳得（上海）建筑设计有限公司
建设施工：北京城建一建设发展有限公司
内装施工：北京鸿屹丰彩装饰工程有限公司
　　　　　北京宏美特艺建筑装饰工程有限公司
项目顾问：中国建筑标准设计研究院有限公司

项目位置：北京市朝阳区定福庄
建筑面积：33700m²

■ 项目整体技术解决方案

建筑方案宜装配技术

1. 模数化、模块化和通用性设计。

2. 楼型与套型、构件与部品、空间与系统的协调统一和灵活组合。

3. 标准化与多样性统一，增强项目互通性。

全生命周期套型设计技术

1. 剪力墙结构体系的大空间设计。

2. 套型实现可变空间设计。

SI 住宅体系与工法技术

1. 装饰层与主体结构完全分离。

2. 体现主体结构的耐久性，延长住宅的使用寿命。

3. 向用户开放住宅内装的灵活性，实现可持续居住。

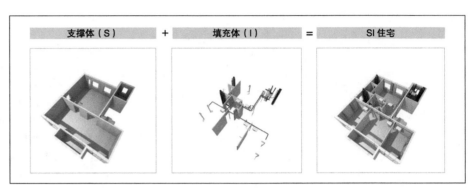

■ 项目主体与内装装配式技术

项目由商品房、东城区定向安置房、农民回迁房、配套商业等组成。项目力求打造北京市装配式商品住宅新标杆，探索全装配建造技术方向（整体装配式混凝土剪力墙结构、基于 SI 理念的装配式内装），采用整体装配式结构＋PC 立面表现＋SI 住宅体系＋装配式装修。

	内容	技术特征	形成的产品优势及卖点
建筑结构	整体装配式剪力墙结构	地上主体结构实现全装配	■工业化建造精度高，建筑观感、质量明显提升； ■节能防水等重要性能可靠，提升产品品质； ■施工效率高，建造周期缩短； ■节能减排，体现绿色建筑的优势
	PC 建筑立面表现	预制混凝土应用 装饰混凝土应用	■改善了立面单一的缺点，外观效果提升明显； ■立面造型与结构同体，增强了立面的耐久性
套内装修	SI 住宅体系	套内装饰层及机电管线与主体结构全分离	■实现了产品全生命周期内套型可变； ■给客户提供更加灵活的个性化装修空间； ■装饰层与结构分离，提高了主体结构的耐久性； ■私有空间与公共区域分离更彻底
	装配式装修	干法施工工艺 整体卫浴、整体厨房应用	■装修质量好，提升居住舒适度； ■系统集成设计，套内空间利用率更高； ■整体卫浴自洁、防水性能优良； ■干法工艺，日常维护方便

项目全面实施装配式建筑的技术路线和标准，明确了建设高品质住宅的项目定位和实施路径。在设计过程中，坚持以模数化、模块化和通用化设计为基础，实现楼型与套型、构件与部品、空间与系统等的协调统一和灵活组合；既满足建筑的标准化设计要求，也能实现多样性要求。

项目通过装配式结构、装配式装修以及生产施工一体的装配化建造模式的组合，实现了建筑设计一体化、设计与生产施工一体化，为项目的顺利实施并取得较好的效益奠定了基础。以提高整体工业化建造程度为出发点，从技术结合性、系统融合性、工程易建性以及项目经济性等角度进行分析，实现了结构体系与建筑全系统的协调。

05

百年住宅 · 研究篇
Research

新型住宅工业化背景下建筑内装填充体研发与设计建造

The Research, Development, Design and Construction of Infill under New Housing Industrialization

[刘东卫] Liu Dongwei [1]
[闫英俊] Yan Yingjun [2]
[梅园秀平] Umezono Shuhei [3]
[佐藤介一] Sato Akikazu [2]
[毛安娜] Mao Anna [4]
[魏红] Wei Hong [1]
[魏琨] Wei Kun [5]

作者单位
1 中国建筑标准设计研究院（北京，100048）
2 （日）市浦设计（上海，200040）
3 海驷设计（上海，200040）
4 松下住建（北京，100020）
5 绿地控股集团有限公司（上海，200023）

收稿日期
2014/06/27

十二五国家科技支撑计划项目 (2012BAJ16B01)

摘　要

结合住宅工业化发展及其新型工业化体系发展分析，提出了新型内装工业化的住宅建筑填充体技术解决方案；阐述了示范工程住宅建筑填充体的样板间建造的实施要点，并对其标准化设计、空间适应性设计、部品模块化设计和内装部品集成技术应用的创新性设计研究实践进行了探讨。

关键词

新型住宅工业化；建筑通用体系；建筑内装填充体；技术解决方案；内装部品集成技术；中国百年住宅示范工程

ABSTRACT

Based on the analysis of the development of housing industrialization and new industrialization system, this paper proposes a technical solution to housing infill deriving from new infill construction. Delineating key points of applying such techniques in sample rooms of a demonstration project, this paper also elaborates on the innovative practice of standardized design, adaptive spatial design, modular components and the integrated technology of infill and components.

KEY WORDS

new housing industrialization; general system of architecture; infill; technical solution; integrated technology of infill and components; demonstration project of China century house

1 我国住宅工业化发展及其新型工业化体系的课题

从 20 世纪的世界建筑产业现代化发展历程来看，住宅工业化发展都是以先进的建筑工业化技术转型和革新为基础，通过采用新型工业化生产建造方式，实现了建设发展从数量阶段到质量阶段的剧变。目前我国建筑需求量巨大且住宅建设发展迅速，建筑产业现代化与工业化生产建造方式的转型升级成为新时期人们关注的焦点课题，传统建筑业正值促进建筑生产建设方式转型与发展的有利时机。近年来由于国家住宅产业化政策的引导和住宅市场的需求，我国住宅的生产工业化研究与实践已经到了迫在眉睫的地步，虽然住宅产业现代化与住宅的生产工业化得到国内同行的普遍关注，但是对住宅生产工业化课题的认识并非十分清晰，也缺乏对住宅生产工业化方面的系统性体系化研究和实践。

住宅工业化生产是世界发达国家住宅产业现代化发展的标志之一，西方发达国家采用住宅建筑通用体系与住宅部品的集成化生产达到住宅生产工业化。采用新型工业化建筑通用体系建造的工业化住宅，既能满足居民多样化的住房需求，更能从根本上提高住宅的综合性能。加快研发攻关我国住宅新型工业化的住宅建筑通用体系及其集成技术，既可扭转粗放生产模式，也会极大地解决居住品质问题，将使我国住宅建设发生根本性转变。

推动我国建筑产业现代化发展，走中国特色的新型工业化道路，是关系到住房和城乡建设全局紧迫而重大的战略任务。当前，我国建筑业与国外同行业相比，手工作业多、工业化程度低、劳动生产率低、工人工作条件差、建筑工程质量和安全问题时有发生，建造过程的能源和资源消耗大、环境污染严重、建筑寿命短，建筑业传统生产方式仍占据主导地位，传统建筑业模式积累的问题和矛盾日益突出。推动建筑产业现代化发展，要促进我国建设发展方式的转变，改变我国建筑业现状，必须要摆脱传统模式路径的依赖和束缚，寻求建筑产业现代化为目标的新型建筑工业化发展路径。

当前，由于我国建筑产业现代化发展基础性研究工作开展不够，相关建筑产业化的建筑体系与部品技术的研究与技术开发明显滞后，阻碍了建筑产业现代化的进程。住宅工业化仍在较低的水平上徘徊，存在技术标准不全面、部品之间缺乏接口协调、没有与住宅工业化相配套的国家推行标准与住宅体系等问题，阻碍了住宅生产工业化进程，造成住宅普遍存在质量问题。

详见《建筑学报》
2014 年 07 期

建筑产业现代化的建筑通用体系与部品技术是工业化生产建造的基础和前提。任何建筑都可以使用的子体系称作子体系的通用化，将通用化子体系集成构成的总体系称为通用体系[1]。大力创建我国新型建筑工业化的建筑通用体系与部品技术应当成为当前我国建设发展方式转变的科技攻关目标，将突破传统生产建设模式，促进建筑产业的技术升级换代，对推动建筑产业现代化具有重大的意义。

2 新型内装工业化的住宅填充体技术解决方案

2.1 住宅工业化生产特征

所谓工业化，联合国欧洲经济委员会的定义包括6个方面的内容：1) 生产的连续性——即需要稳定的流程，在建筑工程中意味着现场作业的全面组织化；2) 生产物的标准化——要把特定的作业从现场转移到工厂生产，在工厂里完成建筑物的大部分生产活动；3) 全部生产工艺的各个阶段的统一或集约密集化；4) 工程的高度组织化；5) 要用机械劳动代替手工劳动；6) 与生产活动一体化的研究和实验[2]。

住宅生产工业化就是用"工业性"的方法建造住宅，这种"工业性"与"制造业"基本相同，就是把已经在一般工业领域里建立起来的生产及管理的方式、方法等"引进并应用"在住宅领域里。这种"引进并应用"主要是引进方法，将住宅需求情况归纳出来，并使之达到标准化。住宅生产工业化并非只是简单的施工方法和技术问题，应该既要使住宅的建造方法适应生产方法的发展，也要合理化生产。其生产的工业化主要体现在合理化、组织化、标准化等方面。这种生产工业化的住宅是一种用经济的方法生产出的、质量优良且品质相同的住宅。

2.2 住宅支撑体与填充体建造

SI住宅体系是指住宅的支撑体S(Skeleton)和填充体I(Infill)完全分离的住宅建设体系，是为了实现住宅长寿化各种尝试

中的基本理念[3]。SI住宅体系在提高了住宅支撑体(Skeleton)的物理耐久性使住宅的生命周期得以延伸的同时，既降低了维护管理费，也控制了资源的消费，成为今后住宅建设和设计的一个方向。SI住宅在结构和主要部品耐久性的提高、设备部品维护更新性的提高和户内平面变更与改装适应性的考虑三方面具有显著特征。

2.3 新型工业化建筑通用体系

SI住宅体系及其技术已经成为世界住宅产业现代化和新型住宅工业化通用体系与生产技术研发方向，我国应当大力推行采用支撑体和填充体的新型工业化发展模式，并构建建筑支撑体和填充体的新型住宅工业化通用体系 (图1)。

建筑产业现代化的新型工业化建筑体系，是以建筑产业现代化为目标，通过建筑工业化生产建造方式，将建筑或住宅按照工业化建造体系划分为系统性的通用化部品体系。这种建筑产业现代化的新型建筑体系，可实现工业化部品的工厂化生产，之后在现场进行装配的工业化建造方式。住宅从传统的生产方式到工业化生产是住宅建设现代化的根本转变，需要通过大量性的住宅工业化生产来提高住宅整体质量和生产能效，使研发新型住宅工业化通用体系与集成技术成为住宅建设与发展的关键所在。国际上住宅发展与建设经验表明，研发与建立新型住宅工业化领域的通用住宅体系，是推进住宅产业现代化的重要内容。通过构建我国建筑产业现代化的新型工业化建筑体系，可为建筑产业现代化提供坚实的技术支撑。

2.4 填充体技术解决方案

住宅工业化的核心是住宅体系的系统技术集成，住宅建筑填充体技术解决方案的研发，以SI住宅体系的新型工业化的住宅建筑通用体系为基础，强调住宅全寿命期和全产业链的整体设计方法和两阶段工业化生产体系与技术集成。

住宅建筑填充体技术解决方案的研发，构建新型工业化的住宅建筑通用体系，同时

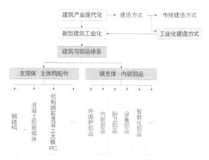

1 新型工业化建筑通用体系

通过其建筑支撑体和填充体两部分构成来协调相应的尺寸或模块的模数体系。以建筑填充体整合住宅内装部品体系，住宅部品的集成进一步使住宅生产达到工业化。住宅建筑填充体技术解决方案的研发，考虑了工业化的生产措施，通过结构主体系统和住宅部品体系的应用，可在使用工业化成套部品基础上建造多样化住宅，是一种住宅工业化内装建造与设计的建筑通用体系 (图2、3)。

采用新型内装工业化的住宅建筑填充体技术解决方案，有5个方面优势：1) 保障质量，部品在工厂制作，且工地现场采用干式作业，可以最大限度保证产品质量和性能；2) 减少成本，提高劳动生产率，节省大量人工和管理费用，大大缩短开发周期，综合效益明显，从而降低住宅生产成本；3) 节能环保，减少原材料的浪费，施工现场大部分为干法施工，噪声粉尘和建筑垃圾等污染大为减少；4) 便于维护，降低了后期的运营维护难度，为部品更新变化创造了可能，实现住宅的可持续发展；5) 集成部品，可实现工业化生产，采用通用部品，并有效解决施工生产的尺寸误差和模数接口问题。

3 示范工程住宅建筑填充体样板间的建造实施

3.1 示范工程概况

2012年5月18日，中国房地产业协会和日本国日中建筑住宅产业协会签署了《中日住宅示范项目建设合作意向书》，就促

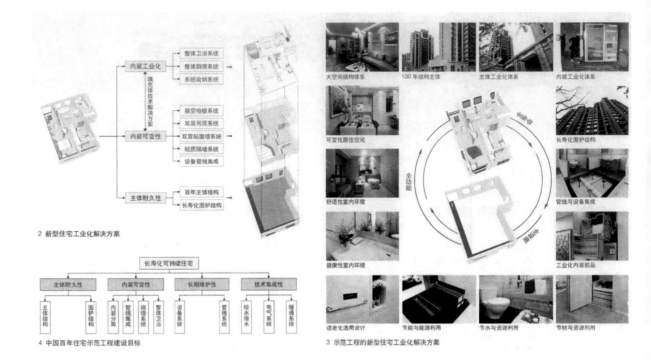

2 新型住宅工业化解决方案

4 中国百年住宅示范工程建设目标

长寿化可持续住宅
主体耐久性 | 内装可变性 | 长期维护性 | 技术集成性
主体结构 | 围护结构 | 内装分离 | 管线集成 | 隔墙系统 | 整体卫浴 | 设备系统 | 管线系统 | 给水排水 | 电气系统 | 暖通系统

3 示范工程的新型住宅工业化解决方案

进中日两国在住宅建设领域进一步深化交流、合作开发示范项目等达成一致意见，并委托中国建筑设计研究院（集团）的中国建筑标准设计研究院负责示范项目的组织实施和设计研发工作。"中国百年住宅"示范工程的基本目标是，针对我国住宅粗放型建设模式和房地产业的技术转型升级的课题，通过中国百年住宅示范工程攻关新型住宅工业化关键技术，实现以新型工业化技术建造的可持续住宅。

中国百年住宅是以建筑全生命周期的理念为基础，围绕保证住宅性能和品质的规划设计、施工建造、维护使用、再生改建等技术为核心的新型工业化体系与应用集成技术，力求全面实现建设产业化、建筑的长寿化、品质的优良化和绿色低碳化，提高住宅综合价值，建设可持续居住的人居环境。

上海绿地南翔·中国百年住宅示范工程11#楼为20层，90m² 以下中小套型。项目在建立符合产业化要求的住宅建筑体系和部品体系基础上，把住宅研发设计、部品生产、施工建造和组织管理等环节联结为一个完整的产业链，通过设计标准化、部品工厂化、建造装配化实现了通用化的新型工业化住宅体系，构建并实施了工业化内装部品体系和集成技术。

绿地南翔·中国百年住宅示范工程以长寿化可持续建设为目标（图4），从社会资源和环境的可持续发展出发，既考虑到降低地球环境负荷和资源消耗，也要满足不同居住者居住需求和生活方式、便于后期管理和更

5 样板间 D-1 平面

6 样板间 D-2 平面

新改造。采用支撑体S与填充体I分离体系，具有高耐久性的支撑体和灵活性与适应性的填充体整体提高了住宅的居住性能和质量。

绿地南翔·中国百年住宅示范工程建筑填充体样板间（图5、6），在项目规划设计、施工建造、技术集成、部品整合等各个环节中进行了严格监督管理和动态跟踪评估，确保项目实施，取得了很多技术创新和突破。项目的实施是一个系统工程，提出了技术标准条件等方面的保障措施，从建立协调机制、明确实施责任、加强建设管理等方面对规划实施进行了具体部署。

3.2 主体标准化设计

3.2.1 支撑体大空间化

提供大空间结构体系，尽可能取消室内承重墙体，为套型多样性选择和全生命周期变化创造条件。减少现浇量，减少施工难度等。通过前期设计阶段对结构体系整体设计考虑，有效提高后期施工效率，合理控制建设成本，保证施工质量与内装模数接口。

3.2.2 住栋形体规整化

合理控制楼栋体形系数，减少开口凹槽，减少墙体凹凸，满足楼栋对于节能、节地、节材要求。规整化的住栋提高套内空间使用率，居住舒适度相应提高，且可保证施工的合理性（图7）。

3.2.3 住栋构成集约化

模块与公共交通核心模块组合成单元，结构简明布局清晰，套型系列可组合成不同住栋来适应不同条件。住栋公共空间集中管井管线等设施，易于管理和维修。卫浴等部分可作为独立模块置入不同套型中，为工业化建造提供条件（图8）。

3.3 空间适应性设计

3.3.1 套型系列化与多样化

住栋套型按使用空间面积分大、中、小三个类型的系列套型。套型设计充分考虑不同家庭结构及居住人口的情况，在同一套型内可实现多种套型变换（图9）。基于环境行为学，套内空间设计充分考虑人体尺度，在满足安全性和基本使用需求的同时，提高套

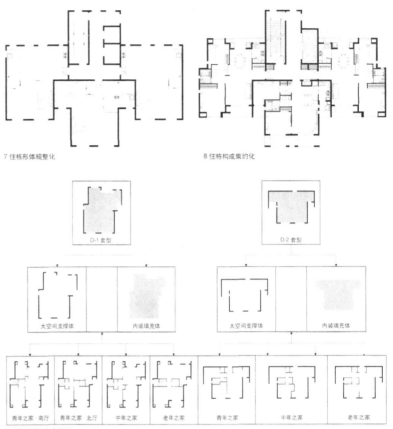

7 住栋形体规整化　　　　　　　　　8 住栋构成集约化

9 套型系列化与多样化

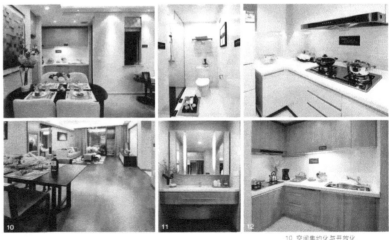

10 空间集约化与开放化
11 样板间模块化整体卫生间实景
12 样板间模块化整体厨房实景

卧室收纳　　　　　厨房收纳　　　　　玄关收纳　　　　　厨房收纳

卫生间收纳　　　　玄关收纳　　　　　卧室收纳

卧室收纳　　阳台收纳　　起居室收纳　　卫生间收纳　　卧室收纳　　起居室收纳

13 样板间 D-1 系统收纳　　　　　　　　　　14 样板间 D-2 系统收纳

表1 样板间干式内装技术

	技术要点	实景照片		技术要点	实景照片
1 架空系统	①卫生间集中降板，地面做架空处理 ②卫生间之外的地面不做架空处理 ③采用架空层配线方式 ④减少结构墙体与内装部品之间的安装误差 ⑤实现内装整体部品定制生产		6 通风系统	①套内整体空气循环：从各居室的自然通风口进风，卫生间、厨房出风 ②设置新风换气机（进气型与排气型组合配置）、浴室干燥器 ③卫生间、厨房的气味不容易流入走廊、居室空间	
2 轻质隔墙系统	①在设计上为灵活分隔提供可能 ②将来的空间变化更加容易 ③建筑物自身轻量化，桩基、结构体的成本可降低		7 供暖系统	①采用干式地暖，整体工业化施工 ②便于维修管理 ③便于将来更换管道	
3 给水系统	①给水管线走双层吊顶中 ②使用给水分水器，设备设置在阳台		8 故障检修系统	①在空调的冷媒管的弯曲部分、厨房的吊顶、卫生间的地面降板部分设置检修口 ②便于管道的检修、维护和更新	
4 排水系统	①排水管采用多头集中排水管 ②临近卫生间设置排水立管 ③排水立管减少，成本降低		9 健康部品系统	①起居室和卧室背景墙选用环保型调湿面板，可调节空气湿度，同时吸收有害气体 ②木工部分的产品达到日本F4星级 ③采用环保型壁纸	
5 电气系统	①带式电缆、不将配线埋没在主体中 ②开关和插座的高度注重适老化设计 ③采用LED节能灯		10 工业化部品系统	①工业化生产，板材一次成型，减少次品 ②降低现场的调整量，缩短人工操作工期 ③降低手工作业，拼缝处精细化设计	

内空间的舒适度与宜居性。

3.3.2 空间可变性与灵活性

套型设计从住宅全生命周期角度出发，套型宜采用大空间可变性高的结构体系，提高内部空间的灵活性与可变性，方便用户今后的改造。套型内部空间采用可实现空间灵活分割的隔墙体系，满足不同用户对于空间的多样化需求。考虑日常维护修理以及日后设备管线更新、优化的需要。

3.3.3 空间集约化与开放化

充分利用空间集中化的特点，尽可能减少相互关联性强的使用空间之间的阻隔，采用 LDK 餐厨交流系统，开放式的餐厨空间，使厨房、餐厅和客厅空间连为一体。厨房采用开放式，与用餐空间紧密联系在一起，客厅部分既从使用上独立出去又与餐厨空间在空间上保持密切的联系（图 10）。通过以饮食生活习惯的"制作－就餐－交流"行为互动为目的，形成互动空间、优化了视觉感受，也有利于家庭成员在厨房与客厅之间的快乐交流。

3.4 部品模块化设计

3.4.1 模块化的整体卫生间

采用模块化的整体卫生间便于施工建造。使用干湿分离式整体卫浴系统，按照人的行为习惯和使用流线设计，彼此分离，干湿分区，互不干扰。在套型设计时，充分合理考虑三者之间的相互关系，将盥洗室作为浴室的前室空间，便于淋浴前后更衣和换洗衣服。厕室内即马桶间可单独设置或者与浴室空间合并。整体浴室是建造体系的重要组成部分，分离式卫浴空间实现了干湿分区，大大提高了模数精度和节约了墙面空间面积（图 11）。

3.4.2 模块化的整体厨房

整体厨房是 SI 体系适应性内装部品中最直接展现工业化工艺水准的部分。所有柜体均采用环保型板材一次切割成型，提高拼缝处的精细化设计，避免产生较大的误差。上吊柜边缝交界处采用树脂材质收边条，抗腐蚀能力强且不易开裂。优选高质量合页、

15 样板间 D-1 集成技术应用

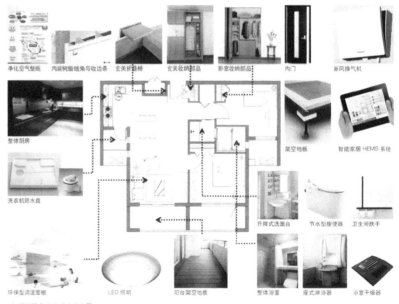

16 样板间 D-2 集成技术应用

龙头、壁柜内置分隔等五金构件，减少了居住者二次选购（图 12）。

3.4.3 模块化的系统收纳

模块化的系统收纳，便于施工建造。收纳空间合理布局，按照居住者的动线轨迹，设置收纳空间。玄关、客厅、餐厅、厨房、卫生间、卧室等都有相对应的收纳空间（图 13、14）。最大限度地合理地设置收纳，提高空间的使用效率满足了住户的基本需要，力求做到就近收纳、分类储藏，最大化

收纳空间。

3.5 部品与集成技术应用

绿地南翔·中国百年住宅示范工程建筑填充体样板间，吸取了国际前沿理念和住宅发展与建设经验，探索研发住宅先导技术，突出体现住宅产业现代化的发展方向，推动对传统住宅产业的更新改造，通过科技创新促进科技成果向生产转化。传播先进的最新前沿的干式内装技术，实现综合性技术解决方案的攻关落地（表1）。项目产业化技术建设实施取得大批技术成果，取得4个方面的重大技术进步，第一是创建了我国新型住宅工业化的内装部品构架；第二是形成了设计标准化、部品工厂化、建造装配化、采用通用化的标准化部品体系；第三是系统实施到设计、生产、施工、维护等产业链各个环节；第四是研发应用了建筑长寿化、品质优良化、绿色低碳化的可持续发展的部品与工业化集成技术（图15、16）。

绿地南翔·中国百年住宅示范工程建筑填充体样板间，实现了标准化为基础的大规模部品在工厂成批量生产与供应，攻关了大量干式工法与技术等应用创新，形成了新型内装工业化通用体系（表2）。相对于传统模式可有效缩短工期，实现综合成本降低，具有显著的节能减排效果，保证部件生产质量以及后期维修更换。绿地南翔·中国百年住宅示范工程全面提高了住宅建筑全寿命期的长久品质，为我国新时期可持续住宅建设指明了新的方向。∧

表2 中国百年住宅示范工程长寿化技术集成应用

	系统	子系统	关键技术
填充体长寿化技术集成	1 内装分隔部品	架空地板	①地板下面采用树脂或金属地脚螺栓支撑
			②架空空间用来铺设给排水管线
			③安装分水器的地板处设置地面检修口
			④在地板与墙体交界处预留缝隙，起到隔声效果
			⑤地板优先施工工法
		双层吊顶	①采用装饰吊顶板，并提高保温隔热性能
			②架空空间用来铺设电气管线、通风管线、灯具设备等
		双层贴面墙	①墙体表层采用树脂螺栓或木龙骨，外贴石膏板实现双层墙体
			②架空空间用来铺设电气管线、开关及插座使用
			③结合内保温工艺，充分利用双层墙体的架空空间
			④采用环保壁纸
		轻质隔墙	①可移动／不落地装配式分隔墙
			②采用环保壁纸
	2 内装设备部品	给排水系统	①部分楼板降板，实现同层排水
			②分支管给水
			③地板下设检修口
		电气系统	①采用架空层配线方式
			②采用带式电缆，不将配线埋设在主体中，直接粘贴
			③开关和插座的高度注重适老化设计
			④使用 LED 节能灯
		暖通系统	①设置新风换气机、浴室干燥器
			②设置干式地暖
	3 内装模块部品	整体卫浴	①工厂预制、现场装配，整体模压、一次成型
			②防水盘结构，防水性和耐久性好
			③配有检修口
			④采用节水型座便器、水龙头等
		整体厨房	①整体配置厨房用具和电器
			②综合设计给排水、电气、燃气等设备管线
			③符合人体工程学，提高使用舒适度
		系统收纳	①便于灵活拆卸和组装
			②综合设置独立式、开敞式、步入式

参考文献

[1] (日) 内田祥哉. 建筑工业化通用体系 [M]. 姚国华 等译. 上海：上海科学技术出版社，1983.
[2] 刘东卫. 日本集合住宅建设经验与启示 [J]. 住宅产业，2008(6):85-87.
[3] 吴东航，章林伟. 日本住宅建设与产业化 [M]. 北京：中国建筑工业出版社，2009.

图表来源

图 1～4, 7～9, 13、14：中国建筑标准设计研究院《中国百年住宅·套型产品设计方法与技术整合设计研究报告》
图 5：市浦设计《绿地集团百年住宅示范工程南翔精装修设计 TYPE D-1》
图 6：市浦设计《绿地集团百年住宅示范工程南翔精装修设计 TYPE D-2》
图 10～12：笔者自摄
图 15：海尔《绿地集团上海南翔·中国百年示范项目内装部品与集成总包解决方案》
图 16：松下《绿地百年住宅项目提案书》
表 1、2：笔者自绘

中国百年住宅示范工程产业化实施

设计研发	部品集成	内装实施
中国建筑标准设计研究院	松下住建	松下亿达
日本市浦设计	海尔设计	海尔家居

项目统筹　中国房地产业协会
　　　　　日中建筑住宅产业协议会
项目管理　中国建筑设计研究院（集团）
项目实施　中国建筑标准设计研究院

设计研发　中国建筑标准设计研究院
内装设计　日本市浦设计
部品集成　样板间 D-1——海尔设计
　　　　　样板间 D-2——松下住建
内装实施　样板间 D-1——海尔家居
　　　　　样板间 D-2——松下亿达
开发建造　绿地集团
示范区域　04-07 地块的 11#、14#、17#

内装工业化与住宅的品质时代

Infill Construction and the Era of Housing Quality

编者按　世界各国住宅的发展历程都有一个从追求数量到追求质量，进而追求舒适度、健康性、可持续居住以及提高住宅性能的过程，工业化建造是其发展的主要趋势和最有效的途径。住宅工业化主要由主体工业化和内装工业化组成，2012年4月本刊住宅特集推出住宅工业化的主题，集中介绍了生产方式转型下的住宅工业化建造以及SI体系(Skeleton Infill)的基本理论与实践，在业界引起了较大反响。

　　本期住宅特集将侧重内装工业化的视角。产业化的标志是产业链，内装产业化的链条最长，把内装工业作为切入点，用产品、集成等技术手段集中解决住宅内部的设备、性能等问题，应该是从源头上提高住宅品质的关键之一。

　　本期住宅特集邀请中国建筑标准设计研究院总建筑师刘东卫作为学术组稿人，期望从理论深度和具体实践两方面，阐述内装工业化的现状问题、关键技术攻关以及发展前景。

　　此外，本刊于2014年4月20日在绿地集团的百年住宅项目现场召开了主题为"新型内装工业化引领住宅产业化发展"的座谈会，着重探讨住宅产业化新的突破，及内装工业化的技术集成解决方案，会议的精彩论点也一并在本特集中与读者讨论分享。

住宅产业化视角下的中国住宅装修发展与内装产业化前景研究

A Study of the History and Future Prospects of Infill Construction System in Housing Fabrication in China

[周静敏] Zhou Jingmin [1]
[苗青] Miao Qing [1]
[司红松] Si Hongsong [1]
[汪彬] Wang Bin [2]

作者单位
1 同济大学建筑与城市规划学院（上海，200092）
2 上海市嘉定区规划和土地管理局（上海，201899）

收稿日期
2014/04/13

国家自然科学基金项目 (51378352)

转自《建筑学报》
2014 年 07 期

摘　要
通过住宅产业化影响下的我国住宅装修发展的回顾与研究，将其发展分为PC大板的启蒙、内装产业化的萌芽、民企精装修时代、内装产业化体系的形成和发展4个时期；通过对各个发展时期背景、成就和问题的解析，总结归纳了重要政策、主要研究和典型实践的成果并提出了对未来前景的展望。
关键词
住宅产业化；装修发展；内装产业化；内装体系展望

ABSTRACT
This paper reviews the development and the current state of interior finish practices commonly applied in Chinese building construction, periodizing the process into four phases: the emergence of prefabrication, the initial application of infill construction system, the delicate decoration used in private sectors, and the formation and development of infill construction system. Analyzing each phase's backgrounds, achievements and problems, this paper highlights important policies, main research findings and typical cases, in the hope to conceptualize the future prospects of the infill construction system.
KEY WORDS
housing industrialization; history of interior finish; infill construction system; future prospects of infill system

住宅工业化的住宅建筑体系以住宅建造生产为基础，不仅是建筑部品的集成，也是集其综合设计系统、部品生产系统、集成技术系统于一体的优化集成产品。内装产业化体系，是可实现内装部品的工厂化生产，现场进行装配的工业化建造方式。

建国以来，我国的住宅产业化伴随着解决住房短缺而产生，并随着经济社会的发展而发展，经历了漫长而曲折的发展道路；在这个过程中，我国住宅装修也逐步升级换代，居民的居住条件逐渐得到改善。然而，在社会经济、认知水平、产业政策、技术研发等多种因素制约下，我国内装产业化水平距离欧美先进国家仍有不小的差距，尚未形成完善的产业化体系，规范制度不健全，市场发展水平较低。

当前，我国正面临"十二五"建筑业工业转型升级的关键时期，转型升级如能加快推进，就能推动我国建筑业进入良性发展轨道；如果行动迟缓，不仅资源环境难以承载，而且会错失重要的战略机遇期。必须积极创造有利条件，着力解决突出矛盾和问题，促进建筑业结构整体优化升级，加快实现由传统工业化道路向新型工业化道路的转变。在这种情况下，本文以住宅产业化影响下我国住宅装修的发展为主线，通过对重要政策、主要研究和典型实践的分析和研究，回顾我国住宅装修的发展历程，反思我国内装产业的发展问题，深入剖析内装产业化发展的关键点和制约因素，总结经验教训，希望能对我国内装产业化的发展提供有益的启示。

1 PC 大板的启蒙

住宅产业化在我国住宅建设中占据着不可忽视的地位。建国之后，我国引进苏联经验，用标准化设计和生产、机械化施工的方式进行大量、快速的住宅建造，并希望在此基础上建立一套从建筑设计、构件生产到房屋施工的完整工业化体系。但是由于生产力水平较低、住宅建设长期得不到重视，住宅工业化仍然处于很不完善的阶段[1]，内装产业化处于一个启蒙时期。

1949-1957 年是国民经济恢复和第一个五年计划时期，战后的国家百废待兴，城市住宅短缺现象严重。我国初步制定了住房制度、设计和技术规范，这为后 30 年的发展奠定了基础。这个时期，我国引用了苏联的建筑标准、标准化设计方法和工业化目标，开始出现了"标准设计"的概念。东北地区率先在苏联专家的指导下开始标准设计，城建总局编制的"全国六个分区标准设计图"(1955) 按照东北、华北、西北、西南、中南、华东 6 个地区分区编制。住宅主要是砖混结构，也有 PC 板 (预制装配式混凝土板)，采取住宅单元定性和由单元组成的整栋住宅楼定型，包括建筑、结构、给水排水、采暖、电气全套设计。1959 年以后，标准化设计方法和标准图集的制定由地方负责实施，标准图集成为城市住宅建筑和构件生产的技术依据。标准化设计方法和标准图集上手快，技术难度低，易于复制，在建国初期的住宅大量建设中起到了重要作用。这个时期，住宅装修状况基本上是白灰粉刷屋顶、墙面，混凝土抹平地面，油漆门窗，厕所是蹲坑，厨房是一个水龙头加混凝土洗涤池，总体水平不高。

经历了"大跃进"和"文革十年"的动荡时期，进入 1970 年代，我国恢复统建工作，并跟西方国家和日本建立了正式的外交关系，对外的经济技术交流活动开始活跃起来，"建筑体系"概念引入国内。1978 年，国家建委提出全国建筑工业化运动的"三化一改"方针，即建筑工业化以建筑设计标准化、构件生产工业化、施工机械化以及墙体材料改革为重点，住宅产业化迎来了一个高潮期。这个时期，除继续发展砖混住宅外，我国还发展了装配式大板住宅、大模板住宅、滑模住宅、框架轻板住宅[2]等。据统计，1977 年仅建工系统采用工业化建造的住宅面积为 174 万 m²，占当年竣工的 6.1%[3]。由于用地紧张，高层建筑逐渐兴起，工业化的建造方式开始在高层建筑中应用，最早的工业化高层建筑有北京建外公寓和前三门住宅等。

北京前三门大模板高层住宅是我国最早的 PC 高层住宅。采取了"内浇外挂"的施工方式，除内墙为大模板现浇钢筋混凝土外，外墙板、部分隔断墙、楼板、楼梯、阳台以及垃圾道、通风道、女儿墙等均为工厂预制构件。在规划、设计、建材、生产、施工等统一考虑的前提下，从基础、地下室、主体结构到装修、设备，逐步形成了具有自己特点的比较完整的工业化建筑系统。这种预制与现浇相结合的建筑体系，结构整体性强，抗震性能好；取消了砌砖、抹灰，实现了墙体改革，减轻了笨重体力劳动，工艺设备简单，投资少，工期短。

这个时期的住宅建设，相对更重视建筑主体结构，对于住宅内装的考虑较少，但是相比刚建国时期已经有了明显的进步，在将住宅拆解成标准预制构件的过程中，也考虑了相应的内装配置。住宅的厨卫和设备管线已经作为标准化设计的一部分。以前三门统建工程为代表，在确定预制整间大楼板时，考虑了设备管道留洞，解决上水、下水、雨水、电、暖、煤气、通风管道等 7 种管道的通达。并在基本的开间进深内综合考虑尺寸和布置方式，并尽量使构件的类型减少，形成规格化、标准化[4]构件。

相比 1950-1960 年代多户共用厨房和卫生间的情况，前三门住宅中基本做到了每户配备厨房和卫生间。部分厨房为通过式厨房并兼做就餐室，甚至有兼做卧室的考虑；厕所一般设置蹲坑和墩布池两件产品，由于在住宅区内集中设置浴室，在厕所内不设澡盆。

总体来说，新中国成立的 30 年间标准设计和住宅工业化的建造方式在改善我国住房短缺状况的过程中扮演了重要的角色，这个时期发展的工业化住宅以节省成本和结构体的快速建造为重点，内部装修处于次要的地位，住宅产品数量少，发展程度落后，总体上水平较低。但是，这个阶段也探索了工业化建造的基本模式和工艺方法，并对居民接受的居住模式进行了探讨，基本形成了发展成套住宅的共识，为以后住宅装修的发展奠定了技术和意识上的基础，是一个不可逾越的阶段。经过 30 年的铺垫期，伴随着改革开放的大潮，住宅装修迅速发展了起来。

2 内装产业化的萌芽

1978 年中共十一届三中全会之后，我国推行改革开放，国民经济进入快速发展期。从 1980 年代起，中国强调居住区建设要"统一规划，合理布局，综合开发，配套建设"，房地产开发作为一个新兴行业在我国出现，国家经委将城市住宅小区列为"七五"期间 50 项重点技术开发项目之一，开展了城市住宅小区的试点工程，这个阶段住宅建设所面临的主要矛盾成为改善居民生活的内部功能和外部环境问题的动因。

经济社会发展的大形势为装修产业的发展提供了条件，国外先进工业化体系（如 SAR）被引入国内，对国外先进体系的学习、与日本等先进国家的合作研究都大大拓宽了我国发展工业化住宅的视野，内装部分得以从结构体中分离并单独讨论。在继续关注结构体，发展大板、大模板等工业化住宅建造体系的同时，对内装工业化进行了一定探索。这个时期成为我国内装产业化的萌芽期。

初期关于内装的讨论是和支撑体的研究、标准化的探索同步进行的，如天津 1980 年住宅标准设计的探讨、1984 年全国砖混住宅方案竞赛 [5] 中涌现出的关于住宅标准化和多样化的探讨，1986 年南京工学院在无锡进行的支撑体住宅相关研究和实践 [6] 等。这些研究和实践虽然没有涉及具体的内装工业化做法，但是提出了单独的内装填充体（或类似的"可分体"）的概念。

这个阶段，中国建筑技术发展研究中心以厨房、卫生间为核心的住宅设施专项研究取得了一系列重要成果，如 1984 年的《住宅厨房排风系统研究》和《关于发展家用厨房成套家具设备的建议》等，厨卫设施被提到越来越重要的位置。1984 年，"七五课题"的《改善住宅建筑功能和质量研究：城市住宅厨房卫生间功能、尺度、设备与通风专项研究报告》对厨卫做了详细的专题研究。这些内装技术的研究虽然并未形成系统，但其做出的技术攻关和专项研究为后来的内装整体研究作了铺垫。

与此同时，随着商品经济的兴起和人民消费水平的提高，住宅部品的开发逐渐兴盛了起来，马韵玉在《中国住房 60 年 (1949-2009) 往事回眸》中回忆：在起草《住宅厨房及相关设备基本参数》时，全国只有 4 家企业生产厨房设备——炉灶、排油烟机、电冰箱 [7]，而据 1991 年统计，有 150 多个企业引进国外 240 多条塑料双轴挤出机生产线，其中 120 条用于制造塑料门窗异型材，其余为塑料管材、管件；引进了墙地砖生产线 300 多条，人造大理石、人造玛瑙卫生洁具生产设备 20 多套；22 个企业引进了砌块生产线（设备）[8]。新产品的生产存在一哄而上的情况，如燃气热水器生产企业在 1990 年就达到 80 多家，排油烟机生产企业在 1991 年达到 100 多家。这些最初的住宅产品制造企业，虽然技术水平有限，缺乏与建筑的协调性，标准化程度也不高，但是比起前一个阶段已经有了巨大的进步，为内装产业化做出了市场方面的准备（表 1）。

中日两国政府共同合作的"中日 JICA 住宅项目" [1] 是这个时期重要的科研课题，使我国在住宅研究的方法和手段方面取得了明显的改进。尤其是 1 期项目"中国城市小康住宅研究项目"(1988-1995)，以 2000 年中国的小康居住水平作为研究目标，开展了居住行为实态调查、标准化方法研究、厨房卫生间定型系列化研究、管道集成组件化研究、模数隔墙系列化研究、模数制双轴线内模研究，并开展了全国双轴线住宅设计竞赛、模数砖研究；针对当时设计误区提出了公私分区、动静分区、干湿分区的设计原则；大厅小卧、南厅北卧、蹲便改坐便、直排换气等具体做法，这在当时是超前的、突破性的，尤其是最后提出的小康住宅十条标准 [2]，被誉为住宅发展的指针、建设的标准，一直影响到今天的开发建设行业。

小康住宅研究将住宅内部装修系统作为一项体系进行创新研究和实践，首创双模数的概念，从内部净尺寸讨论住宅的内部装修技术和装修，从设计上，将内装和结构彻底分开，制定了住宅性能标准和设备配备标准，提出管线集中、同层排水、直排换气等先进理念，并通过研究生活行为和生活方式，研究了厨卫的位置、布置、设备配套、排水排污方式等相关内容。这些学习自日本内装工业化体系并根据我国国情加以应用的先进的方法，已经具备了内装工业化的基本要素。

值得一提的是，小康住宅研究将住宅部品开发作为其重要的组成部分。1990 年 8 月在北京召开的项目第一次中日会议中，已提出要对在目前存在问题最多、居民要求最迫切的成套换气产品、成套厨房设备、成套卫生间设备进行开发。在 1990-1992 的 3 年间，已经开发完成了排油烟机与附件、成套厨房设备（家具）、洗面台、淋浴盘、洗衣机盘、综合排水接头、半硬性塑料给水管、

表 1 部分部品发展比较

部品分项	1980 年代初	1990 年代初
洗涤池	陶瓷制品	不锈钢、多槽洗涤池等
橱柜	没有橱柜产品	出现整体橱柜、进口橱柜产品
抽油烟机	第一代抽油烟机	换代产品排烟更强、低噪音、节能好、易清洗
水管	铸铁管	UPVC、不锈钢管、钢管
玻璃钢制品	档次较低产品	亚力克浴缸等制品
……	……	……

推拉门、安全户门、轻质隔墙等合作、单独开发的部品[9](图1、2)。这些研发的意义不仅是研制了几种样品，而是一种引导性的尝试，引导其他的设计单位、生产企业与建筑设计协调、与居民需求结合，形成以设计为龙头的跨行业、部门、地区的合作，逐步培养住宅产业的形成。

为了验证小康住宅研究的科研成果，在石家庄、北京、山西等地建造了实验住宅，以石家庄联盟小区实验住宅为例，实验住宅试验了多项内装工法，项目以集中管道井为主、分散管道井为辅；设水平管道区，设施使用面上不露明管；管道维修方便和查表不进户，管道井内排水干管靠近排水点，分设污废分流，为今后回收利用创造条件；厨卫采用机械排风、各户直排；适当提高装修标准，为住户安装热水器、空调器、电话、电视机、洗衣机等提供方便。散热器上安装调节阀，可调节室内温度；电气安装漏电保护器等(图3、表2)。

我国"八五"期间重点研究课题《住宅建筑体系成套技术》中的《适应性住宅通用填充(可拆)体》研究，是与小康住宅同时期的课题，其中将"通用填充体(可拆体)"分为可拆型(如砌块和条板)、易拆型(如可以方便拆装变动移位重组的隔墙或者折叠门、推拉门等)、防水型与耐火型(方便厨房、卫生间使用)。在对各项技术进行探讨的前提下，使其配套成型，技术点更为明确。同时，在北京翠微小区进行了适应型住宅实验房的建设，证明了其可实施性。通过小康实验住宅和适应型住宅实验房的研究和实践，填充体的研究逐渐配套成型。

小康住宅的相关研究具有划时代的意义，虽然没有从体系上将住宅的填充体和支撑体分离，对长期优良性和动态改造方面考虑较少，但双模数的设计方式、对厨卫设施和设备部品的成套研究等各关键技术点已经具备了产业化的基本思想，成为我国内装产业化的萌芽，应当是功不可没的。1995年开始，国务院八部委联合启动了"2000年

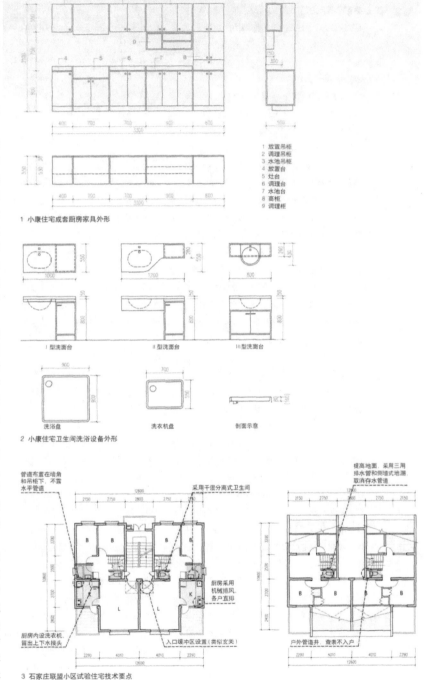

1 小康住宅成套厨房家具外形

1 放置吊柜
2 调理吊柜
3 水池吊柜
4 放置台
5 灶台
6 调理台
7 水池台
8 高柜
9 调理柜

Ⅰ型洗面台　　Ⅱ型洗面台　　Ⅲ型洗面台

洗浴盘　　洗衣机盘　　剖面示意

2 小康住宅卫生间洗浴设备外形

管道布置在墙角和吊柜下，不露水平管道

采用干湿分式卫生间

厨房采用机械排风，各户直排

入口缓冲区设置(类似玄关)

厨房内设洗衣机，留出上下水接头

提高地面，采用三用排水管和侧墙式地漏，取消存水管道

户外管道井，查表不入户

3 石家庄联盟小区试验住宅技术要点

小康型城乡住宅科技产业工程"。作为小康住宅成果的转化，在全国进行转化实施，这是第一个经国家科委批准实施的国家重大科技产业工程项目。1996年建设部颁布《小康住宅规划设计导则》和《住宅产业现代化试点工作大纲》，在全国各城市进行小康住宅小区示范建设，与此同时选择十个省(市)作为住宅产业现代化建设的试点省市。但是由于各方面条件尚不成熟，在长期的推广中，小康住宅的各项研究性成果并没有彻底贯彻到试点小区的建设当中，很多先进观念仍然停留在研究层面，没有在大量性城市住宅建设中落地生根。

3 民企的精装修时代

商品住宅20年的蓬勃发展，使房地产业迅速成为国民支柱产业，住房需求量大、用工成本低、建设方式粗放，导致建成的住房质量差、能耗大、寿命短；毛坯房装修也暴露出了各种问题：不具备专业知识的用户需要投入大量的时间精力进行选购、雇佣施工队施工，质量无法得到保障，二次装修则呈现出乱拆乱建的混乱现象。在新的发展形势下，1996年建设部开始提出并宣传"住宅产业现代化"，将住宅产业化作为解决我国住宅问题的方法。1999年国务院发布了《关于推进住宅产业现代化提高住宅质量的若干意见》(国办发[1999]72号)文件，作为纲领性文件明确了推进住宅产业现代化的指导思想、主要目标、工作重点和实施要求。意见提出要促进住宅建筑材料、部品的集约化、标准化生产，加快住宅产业发展。住宅建筑材料、部品的生产企业要走强强联合、优势互补的道路，发挥现代工业生产的规模效应，形成行业中的支柱企业，切实提高住宅建筑材料、部品的质量和企业的经济效益。

为了贯彻72号文件的精神，2006年6月，建设部下发《国家住宅产业化基地试行办法》(建住房[2006]150号)文件，国家产业化基地开始正式挂牌实施。产业化基地主要分为三种类型，即：开发企业联盟型(集团型)、部品生产企业型和综合试点城市型。至今已在全国先后批准建立了40个国家住宅产业化基地。国家希望通过建立国家住宅产业化基地"培育和发展一批符合住宅产业现代化要求的产业关联度大、带动能力强的龙头企业，研究开发与其相适应的住宅建筑体系和通用部品体系，促进住宅生产、建设和消费方式的根本性转变"。在国家的推动下，越来越多的企业投入到住宅产业化的浪潮中，包括万科、远大等住宅提供商；海尔、博洛尼、松下等部品提供商。经过十几年的发展，取得了一定的成效，虽然单个企业的能力有限，在我国自身工业化体系并不完善、没有形成统一规范指标的情况下，各个企业产生同质竞争的现象难以避免，但是这些努力为内装工业化体系的形成做出了企业、产品方面的准备，是极其重要的一环。

在这个阶段，产生了"精装修"的概念。72号文件首次提出要"加强对住宅装修的管理，积极推广一次性装修或菜单式装修模式，避免二次装修造成的破坏结构、浪费和扰民等现象。"明确指出要积极发展通用部品，逐步形成系列开发、规模生产、配套供应的标准住宅部品体系，要根据要求编制《住宅部品推荐目录》，提高部品的选用和效率以及组装的质量，促进优质部品的规模效益，提高市场的竞争力。2002年5月，建设部住宅产业化促进中心正式推出了《商品住宅装修一次到位实施细则》，明确规定：逐步取消毛坯房，直接向消费者提供全装修成品房；规范装修市场，促使住宅装修生产从无序走向有序。2008年，由住房和城乡建设部组织编写的《全装修住宅逐套验收导则》正式出版。在国家政策和居民需求的双重推动下，我国的精装修住宅逐渐兴盛起来。

各大企业整合资源，制定了各项精装修标准。以万科为例，其精装修成品住房分为7个部分：厨房、卫浴、厅房、收纳、电器及智能化、公共区域、软装服务，并整合成万科"U5精装修模块"推向市场。万科

表2 小康实验住宅内装技术要点

部位	要点(括号内为说明)
总体	内装和主体结构不分离
墙体	内部墙体不可拆除
管道井	户外集中管道井为主，分散管道井为辅(在户外进行水、电、煤气的查表)
管线	应用了平层排水的思想，立管设在管道间内(为缩短排水横管而设置立管应尽减少，并应隐蔽不外露。设立冷水管道区，做到设施使用面上见不到明管。水平管线靠在下层住户内)。厨房内管道在墙内和吊柜上布置，不露水平管道。卫生间内提高地面，采用三用排水器和侧墙式地漏，取消存水弯)
采暖	散热器上安装调节阀，可调节室内温度
排风	厨卫采用机械排风、各户直排(厕所换气可自然通风，通过风道排出。在大部分住户中采用了预制水平风道，从卫生间和厨房直接向外墙通风和排气)
检修	在适当的位置开设检查孔
计量方式	分户计量
厨房	洗涤池、案台、灶台、柜一线布置
卫生间	部分住户干湿分离
	设施、电器(除三大件外增加了玻璃镜、镜灯、毛巾杆、肥皂盒、挂衣钩等设施及燃气热水器位置和管孔)
玄关	已经具备入口缓冲区的概念
家电	配备有电源、配管和配件(提高装标准，为住户安装热水器、空调机、电话、电视机、洗衣机等提供方便)
家务空间	厨房内固定洗衣机位置，留出上下水接头

4 万科精装修厨房

5 万科精装修卫生间

6 万科精装修地板及内门

通过对材料部品的标准化应用，采取一站式采购，以期建立"全面家居解决方案"（图4~6、表3）。

事实上，企业宣传的所谓"精装修工业化住宅"其实是精装修成品住宅，不能等同

表3 万科精装修标准

部位	要点（括号内为说明）
总体	内装和主体结构不分离
墙体	内部墙体不可拆除
管道井	绝大多数位于户内
管线	管线和墙体不分离。排水管道穿楼板。未设检修口
采暖方式	独户采暖
排风	厨房内油烟不直排。厕所自然通风或者采用机械排风
计量方式	分户计量
检修	不设检修口
厨房	整体橱柜
	厨具、厨房家电、厨房五金（热水器、燃气灶、脱排、烤箱、微波炉）
卫生间	部分项目干湿分离
	洁具、墙地砖（采用墙地砖、抛光砖、马赛克、大理石等材料）
玄关	部分采用独立玄关（与住宅具体空间结构有关）
储藏	固定收纳
	移动家具
	部分设步入式衣帽间
厅房	地板、内门（采用实木地板、实木复合、复合地板、新型地板等）
家电	配置家电（家电包含空调、冰箱、洗衣机等）
家务空间	洗衣机位置不固定

于内装工业化住宅。多数精装修成品住宅采用将毛坯房进行装修，达到一定标准并作为成品交付给购房者的模式，其施工方式仍以传统手工湿作业为主，结构和内装系统不分离、管线和墙体不分离、内装无法随意更换，无法实现动态改造、保持长期优良性。但是由于省了自主装修带来的一系列问题，居民较为省时省力，精装修成品住房也逐渐受到居民的认可，这为推广内装工业化做出了居民意识上的准备。同时，精装修成品住房的兴起大大地促进了我国内装产业的发展，尤其是成套住宅产品的发展。

在对住宅工业化进行探索的企业中，远大住工集团是国内第一家以"住宅工业"行业类别核准成立的新型住宅制造工业企业。1999年，远大住工集团在部品技术研发的基础上，建立了我国第一座以工业化生产方式建设的工业化钢结构集合住宅，引起了很大的社会反响。2007年，远大被建设部授予了"住宅产业化示范基地"称号。远大于1996年起步探索住宅部品产业化，用集成技术推出远铃整体浴室（图7）；远大第五代集成住宅（BH5），是在前四代集成住宅基础上研发的，采用复合功能的预制墙体、加厚保温层、双层中空玻璃，提升保温性能；整体浴室底盘一次整体压模成型，杜绝漏水。2009-2011年，第五代集成建筑大规模市场化制造，建造了花漾年华（长沙）等精装

修成品房项目（图8），总建造量超300 hm²。总体来说，远大住工在住宅结构体和围护体的工业化尝试方面走得更远，已在长沙、沈阳等十余个城市建立了8家住宅工业化工厂，成为国内知名的工业化住宅提供商，但是其内装部分以提供精装修成品房为主，尚缺乏形成体系的尝试。

万科是国内较早开始探讨住宅工业化的开发商，与远大集团同年获得"国家住宅产业化基地"称号。万科早在1999年即成立了建筑研究中心，2004年，万科工厂化中心成立，随后启动了"万科产业化研究基地"，相继研发建成了5个实验楼[3]。在进行实验的同时，万科也在实践项目中推进实验成果，如2007年，万科建设了推进住宅产业化的第一个试点"上海新里程"项目的建设，2008年开工了深圳第五园四期的青年住宅项目，之后在集团要求下开工的住宅工业化项目逐年递增。作为国内大型房地产开发商之一，万科具有直接的实施渠道，可以介入从设计到交付的过程，将研究成果进行转化。但是作为民间公司，万科仍然无法做到在全社会范围内调动资源，多数项目采取"贴牌生产"的方式，与各构件厂合作，采购部件造房；与各部品商合作，采购装修产品，受经济因素的影响较大。

除了住宅开发企业以外，住宅部品制造商也在内装产业化方面做出了一定的尝试，如海尔集团作为国内第三家授牌"住宅产业化基地"的企业，涵盖了海尔家居装修体系、海尔整体厨房、海尔整体卫浴、商用及家用中央空调、海尔社区和家庭智能化系统等部分[10]。海尔的优势在于其旗下产品众多，如拥有亚洲最大的整体厨房生产基地，引进了德国 HOMAG、意大利 Biesse 等公司40余条先进生产线，整合各项家电，提供整体厨房菜单内容；整体卫浴引进日本先进的技术和设备，实现产品规模化、系列化。在整合家电、整体厨卫等住宅产品的基础上，提出"精装修集成专家"口号，提供"精装修房一站式全程系统解决方案"。但是作为住

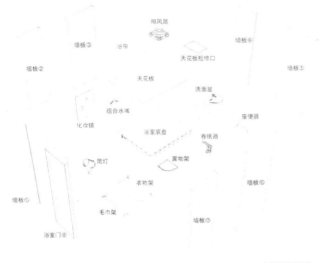

排风扇
墙板③
浴帘
墙板④
天花板检修口
墙板②
天花板
墙板⑤
洗面盆
组合水嘴
化妆镜
浴室底盘
座便器
卷纸器
筒灯
置物架
衣物架
墙板⑥
墙板①
毛巾架
墙板⑦
浴室门⑧

7 远铃整体浴室

宅部品提供商，海尔难以做到从住宅项目策划和设计阶段开始介入，大多数参与的项目仍然是为传统建造方式生产的住宅进行精装修，难以对住宅内装进行体系上的革新。

和海尔一样提供精装修服务的企业还有很多，如博洛尼以发展橱柜起步，同时拥有家具、沙发、衣帽间等产品线，建立了博洛尼精装研发院，进行了"中国居住生活方式研究""适老研发体系"等课题研究。日本松下从生产制造住宅建材产品开始，建立起了从前期设计、商品开发到施工安装、售后服务为一体的精装修产业，2006 年以来，

8 花漾年华项目样板间

松下与万科、中海、华润等地产开发商合作，完成了约 9000 余套精装修产品。两者皆参与了我国第一个 SI(百年住宅) 示范项目"雅世合金公寓"的内装施工。

总之，这个阶段由于国家的推动、市场的成熟、居民的需求，众多民企在住宅产业化推进的过程中起到了重要作用，房地产公司通过开发实际项目实践企业科研成果；住宅部品商则利用产品优势，整合住宅产品提供精装修解决方案。

当然我们也需要意识到，住宅产业化是一个完整的概念，涉及到从设计到施工、从建造方式到产品等一系列的内容，需要从整个体系和产业链上进行把控，单个企业则只能作为产业链的一个或几个环节，难以介入整个过程，如部品商难以介入住宅的策划和设计，结构体和内装就无法分离，也就难以形成工业化内装体系；同时，民间企业受经济和市场的影响较大，同质化竞争的现象较为严重，各个企业分别研发自己的标准和体系，难以形成统一的行业规范，影响力有限，但是这些企业的努力，使"住宅产业化"的观念伴随着住宅商品化的兴盛而深入民间，改变了居民的固有思维模式，并为内装产业化

体系的形成，做出了技术和产品的铺垫。经过民企的精装修时代，无论是居民的观念还是技术的可行度都有了很大的提高，为内装工业化体系的形成奠定了基础。

4 内装工业化体系的形成与展望

内装产业化是随着住宅产业发展而出现的必然趋势。从 20 世纪的世界产业现代化发展历程来看，是以先进的建筑技术体系的转型和革新进步为基础，通过工业化生产的建造方式，解决住房问题，提高居住品质。建筑产业化水平较高的国家，内装产业化体系与部品体系相对较为完善，部品的标准化、系列化、通用化程度较高。日本的住宅产业化是从部品生产和流通开始，尤其在促成其他业种的加入，提高建筑品质等方面具有非常重要的意义。目前日本各类住宅部件 (构配件、制品设备) 工业化、社会化生产的产品标准十分齐全，占标准总数的 80% 以上，部件尺寸和功能标准都已成体系。

建立内装产业化体系需要国家自上而下地认证和推动，才能形成全行业统一的规范和标准，形成健全而良性循环的产业链。72 号文件出台以后，国家也在积极编制标准、推动部品认证工作、规范住宅产业市场，以建立内装产业化体系。

1999 年，建设部设立了住宅产业化促进中心，专门推进产业化进程，提高劳动生产率；建设部在全国范围内开展了厨卫标准化工作，以提高厨卫产业工业化水平，促进粗放式生产方式的转变。2003 年，国家发布《国务院关于促进房地产市场持续健康发展的通知》(国发 [2003]18 号)，提出要推进部品认证工作，同年，建设部住宅部品标准化技术委员会成立，负责住宅部品的标准化工作。2006 年，建设部发布《关于推动住宅部品认证工作的通知》，颁布了《住宅整体厨房》和《住宅整体卫浴间》行业标准。2008 年，颁布《住宅厨房家具及厨房设备模数系列》。各项标准规范了住宅部品市场，为内装产业化体系建立了条件。

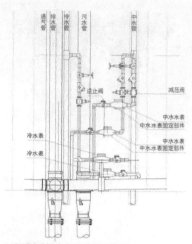

9 雅世合金公寓的公共管道井（管井集中）

10 整体卫浴
11 整体卫浴管线

表4 雅世合金公寓内装技术要点

部位	要点（括号内为说明）
总体	内装和主体结构分离
墙体	内部墙体可拆（轻钢龙骨石膏板隔墙）
管道井	户外公共管道井
管线	管线和墙体分离，采用同层排水，设检修口，方便检查水管、电路（顶部设轻钢龙骨吊顶，架空空间内设置电气线路，底部设架空地板，架空空间内设排水管道）
采暖方式	独户采暖
排风	厨房内油烟直排，厕所采用整体卫浴排风设施，室内安装新风负压换气系统
计量方式	分户计量
检修	在合适的位置设检修口
厨房	油烟直排
	整体厨房
	厨具、厨房家电、厨房五金（热水器、燃气灶、脱排、烤箱、微波炉）
卫生间	整体卫浴间（采用整体式卫浴间，底盘一次成型，杜绝漏水现象，材质易于清洁）
	干湿分离（如厕空间、洗浴空间、盥洗空间三分离）
	洁具
玄关	全部采用独立玄关（设综合收纳柜）
储藏	固定收纳（玄关、卧室）
	移动家具
	部分设步入式衣帽间
厅房	地板、内门（采用实木地板、实木复合、复合地板、新型地板等）
家电	配置家电（家电包含空调，冰箱，洗衣机等）
家务空间	预设洗衣机底盘

2006年，中国建筑设计研究院"十一五"《绿色建筑全生命周期设计关键技术研究》课题组，以绿色建筑全生命周期的理念为基础，提出了我国工业化住宅的"百年住居LC体系"(Life Cycle Housing System)。研发了保证住宅性能和品质的新型工业化应用集成技术，2009年在第八届中国国际住宅博览会上，建造了概念示范屋——"明日之家"，以样板间的形式，展示了百年住居的各项技术，为技术的落地做了铺垫。

2010年我国"百年住居"的技术集成住宅示范工程建设实践项目雅世合金公寓建成。雅世合金公寓项目是根据中国建筑设计研究院和日本财团法人Better Living签署的"中国技术集成型住宅——中日技术集成住宅示范工程合作协议"，由国家住宅工程中心牵头实施建设的国际合作示范项目。在北京雅世合金公寓项目中，实现了内装的装配式施工和部品的集成，初步形成了内装工业化体系。

不同于精装修成品房，雅世合金公寓将S(英文Skeleton，支撑体)和I(Infill，填充体)分离。结构体沿外侧布置，内部形成大空间安装内装系统。内装部分采用工厂预制、现场干式施工的方式，底面采用架空地板，架空空间内铺设给排水管线，且在安装分水器的地板处设置地面检修口，以方便管线检查和修理使用；在地板和墙体的交界处留出缝隙，保证地板下空气流动，利于隔音；顶面采用吊顶设计，将各种设备管线铺设于轻钢龙骨吊顶内的集成技术，可使管线完全脱离住宅结构主体部分；在内间系统的外部侧面采用双层墙做法。架空空间用来铺设电气管线、开关、插座，同时可作为铺设内保温所需空间；在室内采用轻钢龙骨或木龙骨隔墙，能够保证电气走线以及其他设备的安装尺寸；可根据房间性质不同龙骨两侧粘贴不同厚度、不同性能的石膏板，同时，拆卸时方便快捷，又可以分类回收，大大减少废弃垃圾量；另外，项目还实施了油烟直排技术、干式地暖节能技术、新风换气系统、适老性技术等（表4、图9）。

雅世合金公寓在住宅中试验了多项新型部品，例如将厨房和卫生间部品化，使住宅内的主要用水房间有了施工上的质量保证。特别是结合三分离式卫浴空间引进的整体卫浴产品。在施工时，整体卫浴作为设备现场安装，而后再进行侧面内装墙壁施工，节省施工时间，同时有利于后期的维护和更换，杜绝漏水现象的发生。干湿分离、功能三分离的形式也为居民提供了舒适而可持续的居住体验。

虽然雅世合金公寓也仅仅是初步实践了内装产业化体系的各项技术，很多技术尚不成熟，但项目引起了很大的社会反响，内装工业化的研究和实践逐渐兴盛。2014年，绿地百年宅项目建成，吸取了雅世合金公寓的内装工业化和部品集成的经验（图10、11），研发了4大技术集成：SI技术、干式内装、绿色技术、舒适技术。同时，在所用材料和部品方面，考虑了如何更满足中国人

12 科逸整体卫浴

的审美，如科逸开发的整体浴室，采用石材贴面材质，外观更为精美（图12）。

我国内装产业化体系正在不断地完善中，如何将现有的成果进行总结，将其深化、规范，并在城市住宅中推广成为下一步的工作重点。目前，国家已经开始进行内装工业化体系的相关探讨，如"十二五"期间，由住房和城乡建设部工程质量安全监管司下达的《建筑产业现代化建筑与部品技术体系研究》课题已经启动，课题的研究目的是促进建筑产业现代化的新型建筑工业化的建筑体系与部品技术的发展与推广应用，形成我国建筑产业现代化和新型建筑工业化的建筑体系与部品技术的技术指南。相关的一系列研究和实践也在逐步启动中，各科研机构、龙头企业也具有强烈的配合研发的愿望，内装产业化体系的时代即将到来。

"十二五"时期，推动我国建筑产业现代化发展，走中国特色的新型工业化道路，是关系到住房和城乡建设全局紧迫而重大的战略任务。我国的住宅工业化经过半个多世纪的发展，逐渐完成了从求量到求质的转变，取得了巨大的成就。但是与欧美、日本等发达国家相比，仍然存在相当的差距。

虽然我国已经初步形成了内装产业化体系，但大量的城市住宅的建设和装修仍然在采用落后的建造方式，迫切需要对我国的内装产业化体系进行完善和推广。国家要加大投入，结合我国国情，自上而下对行业进行规范，推动示范项目的建设；研发设计部门需要增加技术投入，结合我国的发展阶段和施工建设水平，尽快摸索出一条效果明显、操作简单的内装产业化体系的设计和施工方式；各企业要具备长远眼光和社会责任感，利用难得的发展机遇，创出品牌效应，为产业良性循环做出贡献。在树立住宅内装生产工业化基本理念前提下，调整优化产业结构、加强技术进步和创新，抓好内装产业化体系的深化、规范和推广工作，通过内装产业化体系的深化发展，促进我国住宅生产方式的根本性变革。AJ

表出户，增加保安措施，配置电话、闭路电视、空调专用线路。⑦设置门斗，方便更衣换鞋；展宽阳台，提供室外休息场所；合理设计过渡空间。⑧住宅区环境舒适，便于治安防范和噪声综合治理，道路交通组织合理，社区服务设施配套。⑨垃圾处理袋装化，自行车就近入库，预留汽车停车车位。⑩社区内绿化好，景色宜人，体现出节能、节地的特点，有利于保护生态环境。

3) 2005年万科研发建成了1号实验楼，进行了3种预制厨卫做法的尝试。2006年2号实验楼启动，应用了给水分水器和排水集水器的同层排水系统、支撑体和填充体分离式的建筑体系，内装修的表皮、设备与结构的分离，为设备的安装、维修、更换提供方便，可以让住户随着家庭生命周期的变化和生活习惯的改变改造室内布局。2007年，万科相继研发了3号、4号（青年之家住宅产品实验楼）、5号（首次改善住宅产品实验楼）实验楼，实践了模块化的处理方式，形成且浴空间、家政空间等功能模块，运用了同层排水、室内通风换新技术等。

参考文献

[1] 吕俊华，彼得·罗，张杰. 中国现代城市住宅：1840~2000[M]. 北京：清华大学出版社，2003.
[2] 胡士麟. 北京住宅建筑工业化的发展与展望[J]. 建筑技术开发. 1994(2): 40-44.
[3] 建筑技术南厂全国工业化住宅建筑会议特约通讯员. 国内工业化住宅建筑概况和意见[J]. 建筑技术. 1979(1): 6-8.
[4] 北京市前三门统建工程指挥部技术组. 前三门统建工程大模板高层住宅建筑标准化的几个问题[J]. 建筑技术. 1978(Z2): 8-26.
[5] 全国多层砖混住宅新设想中选方案选列[J]. 建筑学报. 1984(12): 2-13.
[6] 鲍家声. 支撑体住宅规划与设计[J]. 建筑学报. 1985(2): 41-47.
[7] 刘燕辉. 中国住房60年（1949-2009）往事回眸[M]. 北京：中国建筑工业出版社，2009.
[8] 我国住宅产业生产现状与发展[R]. 建设部居住建筑与设备研究所. 1994-1997.
[9] 中日JICA住宅项目. 中国城市小康住宅研究综合报告[R]. 小康住宅课题研究组. 1990-1993.
[10] 中国住宅产业网.http://www.chinahouse.gov.cn

图表来源

表1：高颖. 住宅产业化——住宅部品体系集成化技术及策略研究[D]. 同济大学博士论文，2006.
表2：周静敏、苗青根据《小康住宅研究报告》相关内容绘制
表3：周静敏、苗青根据原万科集团建筑研究中心楚先锋提供的相关资料绘制
表4：苗青绘制
图1、2：司红松根据《中国城市小康住宅研究综合报告》绘制
图3：司红松根据开彦、郭水根、童悦仲、周尚德.小康试验区[J]. 建筑知识. 1993(2): 9-11相关内容绘制
图4~6：原万科集团建筑研究中心楚先锋提供
图7：司红松根据远大住工官网 http://bhome.hnipp.com/ 相关内容绘制
图8：远大住工官网 http://bhome.hnipp.com/
图9~11：江苏和风建筑装饰设计有限公司提供
图12：苗青摄

注释

1) JICA项目：自从1988年启动，项目历经20年，分为4期工程：第1期"中国城市小康住宅研究项目"（1988-1995）、第2期"中国住宅新技术研究与培训中心项目"（1996-2000）、第3期"住宅性能认定和部品认证项目"（2001-2004）、第4期"推动住宅节能进步项目"（2005-2008）。
2) 小康住宅十条标准：①套型面积稍大，配置合理，有较大的起居、炊事、卫生、贮存空间。②平面布局合理，体现食寝分离、居寝分离原则，并为住房留有装修改造余地。③房间采光充足，通风良好，隔声效果和照明水平在现有国内基础标准上提高1~2个等级。④根据炊事行为至合理配置成套厨房设备，改善排烟排油通风条件，冰箱入厨。⑤合理分隔且生空间，减少便溺、洗浴、洗衣、化妆、洗脸的相互干扰。⑥管道集中，水、电、煤气（

SI 住宅的技术集成及其内装工业化工法研发与应用

Technology Integration of SI Housing and R&D and Application of Inner Decoration Workmanship

闫英俊[1]　刘东卫[2]　薛磊[2]

1　SI 住宅与日本工业化生产理念及技术实践

1.1　SI 住宅体系

　　数十年前的住宅短缺时代，日本以国家主导的公共住宅供给为基础，从生产方式的变革入手，住宅工业化体系及其技术开发取得了飞速发展，依靠住宅部品产业的成熟，日本住宅建设完成了由数量向质量的重大进步。[1] 当前日本住宅进入了一个社会与经济可持续发展的阶段，同时伴随着日本人口的减少，日本住宅建设进入了社会资产储备的新时期，把住宅开发建设作为长远性社会资源并尽可能利用既有住宅资源成为日本住宅业的共识。而其共识的主要特点就是从建筑设计初期阶段，应在保证住宅建筑长远性全生命周期的前提下，方便地实现住宅设备设施和内装产品的检修和更新，这就是 SI(Skeleton Infill) 住宅的基本概念。

　　SI 住宅理念得到了日本政府和社会各界的拥戴和支持，其技术得到普及和广泛应用。其干式施工的内装工业化成为住宅内装的主流体系；超高层住宅采用 SI 体系设计与建造的几乎达到了 100%；国家主导的公共住宅也不同程度地采用 SI 住宅技术和工法。SI 住宅可保证住宅在 70　100 年的使用寿命当中能够较为便捷地进行内装改造与部品更换，从而达到延长住宅建筑使用寿命的目的。SI 住宅体系不仅通过提高住宅设备性能、合理布置管线和提高维修更换的可能性，确保了住宅的使用寿命，而且 SI 住宅在住宅体系方面对建筑主体结构使用年限也提出了更高的要求，通过提高建筑主体结构本身的耐久性能

来延长建筑的使用寿命。SI 住宅体系与新型建造理念对日本住宅的发展具有极其深远的影响（图 1）。

　　SI 住宅在日本是由 CHS [1] 演变进化而来，其原始理论来自于荷兰，作为一种住宅系统有着多年的研究历史，却在世界各国都有不同的见解；虽然在日本国内定义的阐述有所不同，但是都有以下几点相同之处 [2, 3]：1) 采用高耐久性能的建筑主体结构；2) 主体结构部分和内装及管线部分相分离；3) 户内空间具有灵活性和满足今后生活方式变化的适应性；4) 住栋公共部分和私有部分分界清晰、责任分明；5) 住宅主管道设置在公共部分便于管线与设备的维护更换。

1.2　日本住宅工业化建筑体系的发展和 SI 住宅的工业化内装技术

　　日本的住宅工业化进程是在政府与国家机构主导下，结合公共住宅量产化特点进行技术开发和不断实践并发展成熟的，从最初公共集合住宅大量建设为目的的住宅标准设计开始，到 PC 住宅的开发和技术应用，制定了标准化 SPH [2] 住宅设计体系，由住宅单一性标准设计时代进入到住宅标准化系列化的研发应用阶段，随后出现 KEP [3] 住宅体系和 NPS [4] 住宅体系两种相互关联的新的住宅生产建造体系，与此同时大力推行公共住宅部品的规格化、标准化工作，又通过市场化的 BL 认证住宅部品的普及，带动了部品产业化繁荣，为日本住宅工业化走向成熟奠定了坚实的基础。1980 年代的住宅建筑体系发展到了 CHS 住宅体系研发应用阶段，进一步明确了住宅工业化生产的发展方向，通过 CHS 住宅体系和 SI 住宅体系应用推广可实

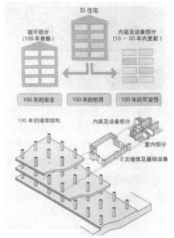

1　SI 住宅的分体表示

现住宅长寿命化。[4]

　　日本的公共住宅从早期开始便采用规格化的通用部品来开发与实施内装技术，这也是其住宅部品产业规模大、能力强、较为成熟规范的根本原因。随着日本住宅建筑体系研发的不断进步，与之相配套的日本住宅部品和主体结构体系也同步走向成熟，BL 认证部品的广泛采用也极大提高了部品的质量。BL 认证部品在降低部品价格的同时，部品的规格化、标准化做法对基本性能的确保起到了关键作用。以关注住宅工业化的性能长寿化和生产合理化基本理念为基础，伴随着日本 SI 住宅体系的普及化和内装部品的产业化推动，SI 住宅的工业化内装技术也随之发展起来。[5]

2　我国住宅建筑体系的构建与 SI 住宅体系及技术研究应用前景

　　20 世纪中期以来，包括日本在内的

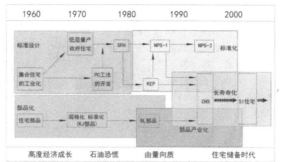

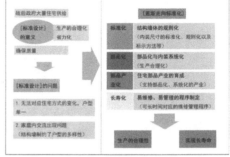

2 日本住宅工业化的体系化和部品化两大发展脉络

3 日本住宅工业化的长寿化和生产合理化理念

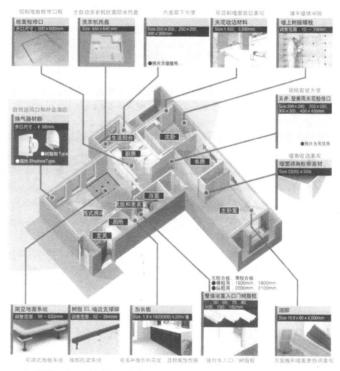

4 项目实施的SI住宅工业化内装部品体系

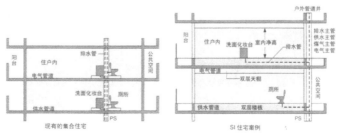

5 SI住宅管线与墙体分离的设计技术

西方发达国家注重采用住宅工业化生产的新型思路，加紧住宅建筑体系和相关集成技术的研发工作，住宅建设实现了从数量阶段到质量阶段的剧变。从其建设经验来看，住宅工业化的住宅建筑体系是以专业化的生产方式，将建筑部品加以装配集成为具有优良性能产品的建筑体系（图3）。

3 项目实施中的内装工业化技术和部品集成应用研究

北京雅世合金公寓示范项目位于北京市海淀区西四环外永定路，由两栋公建设施和8栋6～9层住宅共计486户构成，是根据中国建筑设计研究院（中方负责单位）和财团法人Better Living（日方负责单位）签署的"中国技术集成型住宅·中日技术集成住宅示范工程合作协议"来实施建设的国际合作示范项目，项目研发实施了SI住宅的内装工业化技术和部品集成应用（图4）。

SI住宅内装设计是保证居住基本性能要求的设计，决定着住宅的舒适性、安全性、耐久性以及将来的更新维修难易度等最重要部分。示范项目在保证内装基本功能的基础上，进一步考虑满足日常维修以及将来内装更新的要求，通过采用住宅内装工业化技术将产品与技术整合，结合成套技术的研发，形成住宅生产的工业化；力求通过住宅技术集成体系提高住宅工业化程度，全面地提高住宅性能和居住品质。在关键集成技术方面，重点进行加快技术整合和优化建筑体系的工作，研发住宅内装部品化集成技术、SI住宅内装分离与管线集成技术、隔墙体系集成技术、围护结构内保温与节能集成技术、干式地暖节能集成技术、整体厨房与整体卫浴集成技术、新风换气集成技术、架空地板系统与隔声集成技术和环境空间综合设计与集成技术等10多项核心技术与集成技术体系。项目实施前，预先通过两套SI住宅户型样板间的搭建，探讨了SI住宅的具体工法。

3.1 墙体与管线分离设计及其部品技术

墙体与管线分离技术的关键主要是实现了户内排水立管水平出户的连接方式，应用了特殊的排水系统及其部品。建筑结构的使用年限在70年以上，而内装部品和设备的使用寿命多为10～20年左右。也就是说在建筑物的使用寿命期间内，最少要进行2～3次内装改修施工，要把寿命短的东西变得容易更换。而现在国内的内装多将各种管线埋设于结构墙体和楼板内，当改修内装的时候，需要破坏墙体重新铺设管线，给楼体结构安全带来重大隐患，减少建筑本身使用寿命，同时还伴随着高噪音和大量垃圾出现。在管线的施工中，现场很难发现施工错误，日常维护修理也是异常困难。因此，既为了提高内装的施工性，也兼顾日后设备管线的日常维护性，项目采用SI住宅的墙体和管线分离技术进行设计（图5）。

1）架空地板系统设计及其部品技术

地板下面采用树脂或金属地脚螺栓支撑，架空空间内铺设给排水管线，实现了管线与主体的分离，且在安装分水器的地板处设置地面检修口，以方便管道检查和修理使用。架空地板有一定弹性，可对容易跌倒的老人和孩子起到一定的保护作用。在地板和墙体的交界处留出3mm左右缝隙，保证地板下空气流动，以达到预期的隔音效果（图6，7）。

2）吊顶设计及其部品技术

采用轻钢龙骨吊顶，内部空间留作

6 架空地板系统专用部品　　7 架空地板系统地脚螺栓部品　　8 吊顶系统做法及专用部品

9 内保温双层墙体做法及专用部品　10 同层排水系统及专用部品　11 给水分水器系统及专用部品

铺设电气管线、安装灯具及更换管线以及设备等使用。将各种设备管线铺设于轻钢龙骨吊顶内的集成技术，可使管线完全脱离住宅结构主体部分，并实现现场施工干作业，提高施工效率和精度，同时利于后期维护改造（图8）。

3）内保温双层墙设计及其部品技术

承重墙内侧采用树脂螺栓，外贴石膏板，实现双层墙做法。架空空间用来铺设电气管线、开关、插座，同时可作为采用内保温所需空间。与砖墙的水泥找平做法相比，石膏板材的裂痕率较低，粘贴壁纸方便快捷。墙体温度也相对较高，冬季室内更加舒适（图9）。

以上3种SI管线与墙体分离技术做法可以将住宅室内管线不埋设于墙体内，使其完全独立于结构墙体外，施工程序明了，铺设位置明确，施工易管理，后期易维修，将来内装易改修是此技术的核心所在。

3.2 户外公共管井设置与板上同层排水部品技术

目前，国内多采用板下排水方式，万一发生漏水，或是修理问题都会殃及楼下住户，同时排水的噪音也是令使用者烦恼的事情之一。因此，示范项目在公共楼道部分设置公共管道井，尽可能地将排水立管安装在公共空间部分，再通过横向排水管将室内排水连接到管道井内。在室内采用同层排水技术是将部分楼板降板，实现板上排水。同时，管道井内采用排水集合管，连接两户排水

横管，节省材料（图10）。此排水集合管是铸铁加工而成，拥有60年以上的使用寿命，耐久性极强，同时通过排水集合管管径的变化，实现排水的螺旋下落，留出通气空间，因此不需要设置通气管即可实现经济、高效的安全排水。

3.3 给水分水器系统及其部品技术

给水分水器采用高性能可弯曲管道，除了两端外，隐蔽管道无连接点，漏水概率小，安全性高。每个用水点均由单独一根管道独立铺设，区别于传统管道的分岔、分岔、再分岔的给水方式，流量均衡，即使同时用水压力变化也很小，用水感觉很流畅。口径小（直径16mm）、节约用水，出热水所需时间缩短20%左右。在分水器安装位置设置检修口，便于定期检查及维修（图11）。

3.4 新风负压式换气设计及其部品技术

随着住宅密闭性的提高，以及对室内有害气体的关注，住宅需要进行定期换气来保证室内空气质量。负压式换气就是通过换气设备强行排放室内空气，使室内形成负压，从而通过设置在墙壁上的带有过滤网的送气口吸入户外的新鲜空气，有效地去除沙尘，将干净的空气送到各个房间。即便是沙尘漫天的春季，蚊虫萦绕的夏季，冰雪寒冷的冬季，也可以不开窗即可呼吸到户外新鲜的空气，为使用者带来舒适的室内感受。为了防止户外空气直接吹向人体带来的不适，将送风口设置在距地面2m高的地方，尽可能远离床头，风口朝上

设置。此外，为了确保室内空气的流动，各房间房门下部要留出10mm的空隙。图12为一款全热性交换功能的换气机，更适合北方寒冷地区使用，更加舒适环保。其缺点就是体量较大，因而在设计阶段充分考虑了安装位置以及管线铺设空间的预留问题。

3.5 日常检修维护设计与部品技术

为满足设备定期检修及更换需要，示范项目针对换气设备在其附近设置天花检修口，对给水分水器设备在其上方设置地面检修口或墙面检修口；对较长横排水管接头附近设置管道检修口，采用带有检修口的排水集合管等一系列措施，保障设备管线的正常使用。

3.6 轻质隔墙系统设计与部品技术

室内采用轻钢龙骨或木龙骨隔墙，根据房间性质不同龙骨两侧粘贴不同厚度、不同性能的石膏板。需要隔音的居室，墙体内填充高密度岩棉；隔墙厚度可调，因而可以尽量降低隔墙对室内面积的占有率。此类隔墙，墙体厚度精度高，能够保证电气走线以及其他设备的安装尺寸。同时，隔墙在拆卸时方便快捷，又可以分类回收，大大减少废弃垃圾量（图13）。缺点是相对来说成本较高。

3.7 厨房横排烟设计与部品技术

国内大多数的厨房设有上下层贯通的烟道，将油烟由屋顶排出。此类烟道存在上下层隔音差、火灾发生时通过烟道火势迅速蔓延、常年累月的使用使烟道内油腻不卫生等问题。示范项目取消排烟道，直接将抽油烟机的排烟口设置在阳台外窗上方，独户完成排烟。为了减轻油烟对外墙壁的污染，相配套的抽油烟机需要拥有较高的油烟过滤能力（图14）。

3.8 内保温设计与部品技术

项目引进日本广泛采用的内保温施工工艺，在双层贴面墙架空空间内喷施内保温材料，外墙保温以及冷桥处实施强化处理，采用55mm厚的聚氨酯保温层，从而达到了北京地区要求的节能标准。与外保温工艺相比，内保温工艺施工安全，造价较低，不会出现外墙面砖脱落现象。从长远看，外保温更新需要拆卸外墙表层部分，施工时间长，规模大，耗资大。而内保温可以同内装一同更新，施工简单，周期短，随时可以进行维修，大大减轻住户的经济负担。

3.9 干式地暖设计与部品技术

为了达到既舒适又节能的居住效果，项目采用通过燃气壁挂炉供暖的干式地暖，实现独户采暖。根据气温的变化，精确控制室内温度，不用再等待采暖期的到来，也无需忍耐室内过热或是过冷的不适，更人性化，更舒适。采用

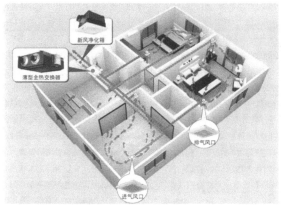

12 新风负压式换气系统与部品

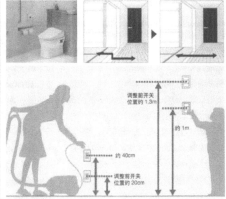

16 适老性设计技术

13 轻质隔墙设计与部品

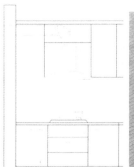

14 厨房横排烟设计与部品

15 整体厨房部品

17 项目内装实景　　　　　　　　　　　　　18 卫生间内装实景

内保温为独户采暖提供了先决条件。内保温有助于采暖设备在短时间内迅速提高室内温度，有效节省能源；由于采用内保温材料，室内空气与外墙没有直接接触，所以在较短时间内加热室内空气，提供舒适的生活空间。而外保温体系需要24小时不间断加热才能保证楼栋的整体温度，保证每户的室温温度，能耗较大，效率较低。

3.10 整体浴室设计与部品技术

为了提高浴室的防水性、耐久性、施工方便性和使用上的舒适性，项目采用工厂化生产，施工现场拼装的整体浴室。国内住宅中浴室漏水问题极为普遍，而整体浴室的底部防水底盘可以做到半永久防水，为住户生活提供了根本保障。淋浴和浴缸一体的整体浴室，同时安装浴室专用空调机，提高入浴时的舒适度。

3.11 整体厨房设计与部品技术

项目采用整体厨房设计与标准化部品集成技术，统筹考虑作为家庭服务区的厨房空间内各种部品、设备以及管线的合理布局与有效衔接，整合模块化、标准化的厨柜系统，实现操作、储藏等不同功能的统一协作，使其达到功能的完备与空间的美观。同时，通过开敞的布局形式，实现空间层次的丰富性，同时增进家人之间的感情交流（图15）。

3.12 满足老龄化需求设计及其技术

项目采用了满足老龄化需求系统设计。室内不出现15mm以上的高度差，开关的设置高度为距离地面1000mm，插座的高度为距离地面400mm；在玄关、厕所、浴室安装扶手，并在卧室与厕所设置紧急呼叫按钮等一系列无障碍设计措施（图16）。

4　结语

日本对集合住宅生产工业化实践的积极探索，使其在住宅生产工业化方面处于世界领先水平，展现了鲜明特征。深入研究住宅工业化的课题，借鉴日本集合住宅的生产工业化的建设经验，不仅对当前中国住宅与房地产行业发展的相关问题探索和解决提供有益的启示，也必将对推动我国的住宅产业化发展起到积极促进作用。

北京雅世合金公寓示范项目SI住宅内装工业化与部品技术开发，通过住宅部品集成技术和结构主体、内装与设备集成的集成技术实现了SI住宅体系（图17、18），基本达到了预定的目标。第一，完成了标准化结合部品化的SI住宅设计方法。标准化设计为工厂集约化生产批量定型产品，完成模块部品来实现多样化需求。第二，完成了工业化建筑内装体系的构建及其应用。通过内装部品的研究，其体系性的集成应用保障了住宅的品质。第三，大量通用化住宅部品的初次采用供应。住宅内装的各个部分都有通用部品，例如整体卫浴部品不仅需将通用部品组合，而且研究了部品之间的接口问题。第四，现场干法施工装配的工法研发与新型施工工序及其管理等方面做出了有益的尝试，从根本上杜绝了传统工法中的现场湿作业，干式作业的方式利于建筑质量的精确控制。雅世合金公寓项目借鉴SI住宅体系在实践中应用了具有我国自主研发和集成创新能力的工业化住宅体系与建造技术，力求全面解决当前我国住宅寿命短、耗能大、建设通病严重、供给方式上的二次装修浪费等问题。项目主要工业化集成

技术结合普适性中小套型的SI住宅设计及技术集成等，实践了大空间配筋混凝土砌块剪力墙结构与建造工法技术集成，SI内装分离与管线集成技术，隔墙体系集成技术，围护结构外内保温与节能集成技术，干式地暖节能技术，整体厨房与整体卫浴集成技术，新风换气集成，架空地板系统与隔声集成技术，环境空间综合设计与技术集成。■

注释

1) CHS：英文全名为Century Housing System，目的是为了提高住宅的耐久性和社会性，也可说是在遵照KEP的基础上追求NPS系统的多样性的一种新住宅建筑体系。CHS住宅建筑体系将住宅部品材料按照使用年限分成不同档次，为达到住宅的长时间使用目的，通过简单地更换更新，实现住宅的长寿命，也为日后的SI住宅理念的形成打下了基础。

2) SPH：英文全名为Standand of Public Housing(1965-1975)，是一种标准设计方式，为了实现高品质住宅的大量生产。

3) KEP：英文全名为Kodan Experimental Housing Project(1973-1981)，日本住宅公团开发的试验住宅建筑体系，提出住宅部品的分割规则，将住宅的各部分分成部品组合体，进行工厂生产，从而达到住宅建设期间的省力高效的目的。

4) NPS：英文全名为New Planning System，脱离SPH标准设计带来的单一性，满足设计需求的新型政府住宅的标准化与系列化的住宅建筑，开发了自由面积型系列户型。

参考文献

[1] 住宅生产研究会. 住宅生产供给的展望 [M]. 东京：ケイボン出版株式会社. 1991.

[2] 内田祥哉. 建筑工业化通用体系 [M]. 姚国华，等译. 上海：上海科学技术出版社，1983.

[3] （日）彰国社. 集合住宅实用设计指南 [M]. 刘东卫，等译. 北京：中国建筑工业出版社，2001.

[4] 吴东航，张林伟. 日本住宅建设与产业化 [M]. 北京：中国建筑工业出版社.2009

[5] 建筑思潮研究所. SI住宅——集合住宅のスケルトン・インフィル [M]. 东京. 建筑资料研究社. 2005.

图片来源

图1、2：市浦设计事务所对合金公寓项目的技术研发报告。
图6、7、9：日本FUKUVI化学工业公司提供。
图10：积水工业化学公司提供。
图12：广东松下环境系统有限公司提供。
其他图片作者自绘或自摄。

作者单位：1 (株)市浦设计
　　　　　2 中国建筑标准设计研究院(北京，100044)
收稿日期：2012-03-28

百年住宅示范项目工业化设计与建造集成技术的研究

The Research of Industrialized Design and Construction of Longlife Sustainable Housing Demonstration Project

撰文 伍止超 魏红 冯凡 中国建筑标准设计研究院有限公司

　　　 钱 进 绿地集团房地产事业一部

摘　要 通过对我国首个百年住宅示范项目设计建造集成技术的分析与研究，探讨了中国百年住宅的"建设产业化、建筑长寿化、品质优良化、绿色低碳化"四方面的建设体系与目标，以期为我国住宅的长寿命以及可持续性建设提出新的发展方向。

关键词 百年住宅示范项目 建设产业化 建筑长寿化 品质优良化 绿色低碳化

1 日本百年住宅（CHS，Century Housing System）的建设

　　经历了战后住宅建设的高速增长，到上世纪70年代中期，日本住宅储备数量已超过家庭的数量，对住宅量的需求开始转变为质的提升。因此，满足多样化需求、符合开放式建设、提升建设质量成为住宅建设的发展方向。

1.1 CHS产生的背景

　　进入80年代，日本社会开始认识到"稳定增长"以及"高龄化社会"等问题，同时已建成的住宅由于功能适应性及物理性能差很快又面临维修重建，如何提升住宅的长期耐久性成为亟待研究解决的重要课题。1980年日本建设省开始实施"住宅功能高度化推广项目"，研究和发展了注重灵活性、标准化和建设合理化的KEP、NPS体系，同时开发了CHS的综合性住宅供给系统，其高耐久性的特征作为社会的优良资产，实现舒适优良的居住生活。

1.2 CHS的基本理念与基本要素

　　CHS的基本理念是广泛考虑了住宅的设计、生产、供给、维护、管理各阶段的综合系统，提高住宅在物理层面、功能层面和社会层面的耐久性，提升住宅的使用价值和品质。物理耐久性主要包括对主体结构的维护，防止其产生物理性劣化，并制定相对完整的耐久性计划和满足其居住性能；功能耐久性主要包括在一定时间内制定住户的可变计划、考虑部品模块的更替、维修管理和新设备的更换；社会耐久性则是将住宅建设成为社会优良资产存量，在有限的时期内随时应对社会环境的发展变化。CHS以提升住宅耐用性为理念目标，包含5项基本要素：结构耐久、更换兼容、空间可变性、维护管理、社会建筑存量品质。

1.3 CHS的认定基准

　　CHS认定基准包含10项认定项目：设计计划、尺寸、部品群划分、耐久性水平、构法、耐久性提升、住宅部件、维护管理计划、供给机制、环境要求。其中每项都是提升住宅耐用性的重要规则，各项相互关联，发挥综合性系统的作用。认定基准通过空间的可变性、部品更换连接、预留管线空间、材料结构耐久性能提升、建立有计划的维护管理体系、以及对节能环保的考虑等基本原则均促进了住宅长寿化及可持续建设。CHS的基本理念、基本要素与认定基准间的关系如图1所示。

2 中国百年住宅CLS（China Longlife-Housing System）的基本建设理念

2.1 发展中国百年住宅的背景

　　我国住宅建设自改革开放以来持续高速发展，成功地解决了城市住房紧缺问题，虽然我国住房建设取得了许多突出成绩，但建设发展中的矛盾也日益突显。由于建设方式落后和产业化水平低等传统住宅建造生产方式暴露出的资源浪费大、建筑寿命短、产品质量差和运维难度大等问题日益凸显，住宅建设的发展也面临着一些亟待解决的深层次问题。

　　目前我国建筑需求量巨大且住宅建设发展迅速，建筑产业现代化与工业化生产建造方式的转型升级成为新时期的焦点问题。

详见《建筑技艺》2016年10期

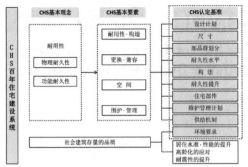

图1 CHS的基本要素与认定基准关系示意

图2 中国百年住宅建设技术体系

图3 中国百年住宅关键技术解决方案

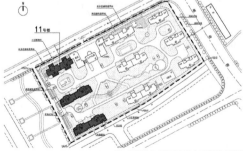

图4 绿地崴廉公馆百年住宅示范项目总图

由中国房地产业协会和日本日中建筑住宅产业协议会在2012年5月18日共同签署了《中日住宅示范项目建设合作意向书》,就促进中日两国在住宅建设领域进一步深化交流、合作开发示范项目等达成一致意见,提出建设实施以建筑产业化的生产方式建设的长寿化、高品质、低能耗的"中国百年住宅"。

2.2 中国百年住宅的建设技术体系

中国百年住宅建设技术体系是在全面评估我国现有建筑生产方式和住宅设备管线维护方式对居住者和住宅长久价值造成的重大影响后提出的,其重点在对设计、建造以及后期运维的整体思考方式。中国百年住宅建设技术体系将切实有效地实现住宅长寿化,促进建筑产业的技术转型升级,对于构建可持续性社会的居住与生活环境具有重要意义。

其体系包括建设产业化、建筑长寿化、品质优良化和绿色低碳化4个方面(图2):

(1)建设产业化。通过有组织实施标准化设计,分步骤落实工业化建造技术,充分满足住宅质量优良、效率提升、绿色环保的建设要求,以及居住者高品质、高标准的居住需求。

(2)建筑长寿化。在提高住宅支撑体的物理耐久性,使住宅建筑的寿命得以延伸的同时,通过支撑体与填充体的分离来改善住宅的居住适应性,提高住宅建筑全寿命期内的综合价值。

(3)品质优良化。通过对不同层次居住者生活模式的设定,对套型适用性与健康性要点进行了提炼与归纳,设计符合长期维护的需要,并针对老龄社会的到来,提出了适老通用性技术解决方案。

(4)绿色低碳化。最大限度的节能、节水、节材、节地,减少污染,保护环境,改善居住舒适性、健康性和安全性,使建筑在满足使用需要的基础上最大限度地减轻环境负荷,满足人们对可持续性绿色低碳居住环境的需求,适应住房需求的变化。

2.3 中国百年住宅关键技术解决方案

中国百年住宅是以SI住宅体系为基础,通过住宅支撑体与内装体分离,以支撑体耐久性技术、填充体适应性技术、分离性集成技术等关键技术为手段,通过集成化、模块化的部品运用,提出综合性整体解决方案(图3),全面实现建设产业化、建筑长寿化、品质优良化和绿色低碳化四大目标。中国百年住宅的支撑体包括住宅的主体结构、共用设备管线以及共用楼电梯等部分,具有100年的耐久性;填充体包括住宅的内装部品、户内管线设备、相关公共部分以及家具等自用部分,具有灵活可变性。

3 绿地崴廉公馆百年住宅建设示范项目

绿地崴廉公馆项目(图4)是首个百年住宅的落地项目,位于上海嘉定区。项目根据中国百年住宅建设技术体系的"4个建设目标"对关键技术实施攻关。以项目中11号楼为例,其总建筑面积11 909m²,20层,90m²以下中小套型(图5,6)。

3.1 建设产业化

3.1.1 建筑通用体系

通用体系是可以广泛适用于各类建筑的体系。百年住宅示范项目采用支撑体与填充体、设备及管线相分离的建筑通用体系(表1),更符合工业化生产原则,通过大量使用通用构件部品,最终实现标准化和多样化建设。通过通用体系的构建,解决了未来住宅在批量化生产中的核心问题,既满足了高效建设的需求,也满足了多样居住的需求,全方位提高工程建设的品质,保障了住宅在其全寿命期内的使用价值,更符合可持续建设的发展需求。

图5 绿地崴廉公馆百年住宅示范项目11号楼

图6 绿地崴廉公馆百年住宅示范项目11号楼室内现场实景

表1 建筑通用体系

		系统	子系统	所有权	设计权	使用权
	支撑体	主体结构	梁、板、柱、承重墙	所有居住者的共有财产	开发方与设计方	居住者
		共用设备管线	共用管线、公用设备			
		公共部分	公共走廊、公共楼电梯			
	填充体	相关公共部分	非承重外墙、非承重分户墙、外窗、阳台栏板	相邻居住者共有财产	开发方与设计方（视具体情况，居住者可以参与）	居住者
		内装部分	各类内装部品			
		户内设备管线	专用管线、专用设备	居住者的私人财产	设计方与居住者	
		自用部分	其他家具等		居住者	

3.1.2 设计协同与技术集成

百年住宅示范项目建筑设计采用整合设计的方法和理念实现设计阶段对各个设计主体、各个专业、各类技术的资源共享和协同工作。在整个设计阶段、施工阶段以及维护管理阶段符合建筑、结构、给水、排水、燃气、供暖、通风与空调设施、强弱电和内装等各专业之间协同的要求；项目在建筑设计、部件部品生产运输、装配施工、运营维护等各阶段协同的工业化建造要求。

3.2 建筑长寿化

3.2.1 支撑体耐久性技术

百年住宅的支撑体应满足高耐久性的要求，设计使用年限应达到100年以上。项目主要通过提高主体结构开放度和增加主体结构本身的耐久性来实现支撑体耐久性。

（1）高开放度主体结构设计选型

建筑主体结构的开放度越大，其全寿命期内的耐久性越好（表2），项目采用大空间的现浇剪力墙结构，尽可能减少室内主体结构构件，同时集约布置管井管线，最大限度地减少支撑体所占用的空间，使填充体部分的使用空间得以充分释放（表3）。

（2）高耐久性主体结构设计技术

项目支撑体在全寿命期的设计环节、施工环节、维护管理环节采取了提高混凝土强度等级、增加混凝土保护层厚度、增加水泥比例、使用能有效保护混凝土的润饰材料等措施以提高其耐久性（表4）。

表2 支撑体开放性比较

结构类型		结构形式	适用范围			
			低层≤3层	中层4～11层	高层12～20层	超高层≥21层
钢筋混凝土结构（RC）	+	剪力墙体系	○	○		
		墙式框架体系		○	○	
		框架体系	○	○	○	○
		框架–剪力墙体系		○	○	○
		筒体体系				○
高强度钢筋混凝土结构（H–RC）	+	框架体系				○
		筒体体系				○
钢骨混凝土结构（SRC）	+	框架体系			○	○
钢管混凝土结构（CFT）					○	○
钢结构（S）			○	○	○	○

表3 示范项目耐久性设计

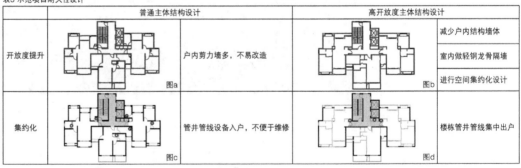

	普通主体结构设计		高开放度主体结构设计	
开放度提升	图a	户内剪力墙多，不易改造	图b	减少户内结构墙体
				室内做轻钢龙骨隔墙
				进行空间集约化设计
集约化	图c	管井管线设备入户，不便于维修	图d	楼栋管井管线集中出户

表4 提高主体结构耐久性的必要措施

全寿命期阶段	措 施	
设计环节	在合理范围内增加混凝土保护层厚度，特别是箍筋位于主筋外侧时。增加柱、梁的保护层厚度到5cm（一般为4cm）	灰色部分为项目采用的措施
	提升混凝土强度等级，达到混凝土设计标准强度300kgf/m²	
	使用能有效保护混凝土的润饰材料	
	增加水泥比例，达到55%	
施工环节	制定保护设计尺寸的施工计划	
	采用高密度、高强度混凝土	
	使用含氯化物少的水泥和沙子	
维护管理环节	实行定期检验	
	有计划的修缮	

3.2.2 填充体适应性技术

（1）空间可变性设计

在不改变住宅主体结构的前提下，充分考虑到住户在其家庭全生命周期内的居住需求，采用可持续性设计。百年住宅建筑根据填充体样式/种类不同的填充体适应性可实现以下3种变化等级：1）楼层内改变居住单元；2）居住单元内改变房间布置（数量及大小）；3）房间内改变功能布局。百年住宅示范项目通过对套型的系列化多样化设计实现了同一户型系列（居住单元）内不套型功能的布置变化（图7）。

（2）装配式内装实施

装配式内装通过工厂生产制作部品，现场干式作业拼装，最大限度保证了产品质量性能，节约装修人工成本，提高劳动生产效率，环保节能，避免资源浪费，也降低了维护管理的难度，部品更容易变更，是住宅可持续建设的重要基础。项目主要采用的装配式内装工法包括：内装墙体和管线分离干式施工工法、内装配式整体卫浴安装的施工工法、室内冷热水用分水器系统施工工法、铸铁排水集成系统施工工法、聚丙乙烯超静音排水管的施工工法等干式工法，为百年住宅的可持续建设提供了保障（图8）。

3.2.3 分离集成关键技术

（1）内装分离技术集成

项目为了实现分离住宅的墙、顶、地采用了架空地板、架空墙体、轻质隔墙、架空吊顶等集成化关键技术，还采用了整体厨房、整体卫浴和整体收纳三大模块化部品集成关键技术（表5）。分离集成关键技术所采用的集成化部品具有以下特点：1）自重轻、抗震性能好；2）减少浪费、占用空间小，方便搬运；3）拆装与位移简单易操作，可实现无破坏性拆改和重组、便于后期改造避免噪声和粉尘、减少建筑垃圾。

（2）管线分离技术集成

在住宅建筑全寿命期内，设备管线由于老化陈旧，需要经过多次维修或更换，因此百年住宅应具备易维护更换的灵活性。百年住宅通过将设备管线与支撑体分离，不将设备管线埋设在支撑体的墙、板、柱内，可以实现在不破坏主体结构，甚至不需入户的情况下进行保养、维修、更换。套内设备管线的设置应遵循以下设计原则：1）分类集中设置；2）位置隐藏设置；3）设备接口充分性设置。

项目采用的分离式管线集成体系包括：给水系统、排水系统、电气系统、通风系统、供暖系统等（表6）。其中，套内给水排水管道宜敷设在墙体、吊顶或楼地面的架空层或空腔中，并考虑隔声减噪和防结露等措施；套内供暖、空调和新风等管道宜敷设在吊顶等架空层内；电气管线宜敷设在套内墙体、吊顶或楼地面的架空层内或空腔内等部位。

3.3 品质优良化

3.3.1 长期维护性能

百年住宅通过制定定期的日常检查、维护、维修计划，以实现长期维护性能，主要包含：1）支撑体的维护计划；2）填充体的维护计划；3）外围护结构的维护计划；4）设备管线的维护计划。记录的内容包括住宅结构主体、建筑防水、给排水设备的定期检查计划及内容，并至少要每十年检查一次。通过对住宅容易出现问题的部位设置检修口（图9），实现住宅体检，更有效地检查住宅的使用状况。

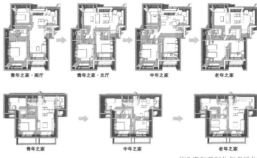

图7 套型系列化与多样化

图8 项目干式工法样板间

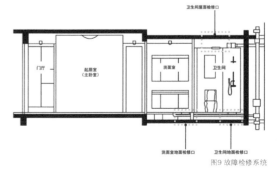

图9 故障检修系统

表5 内装分离技术集成示意

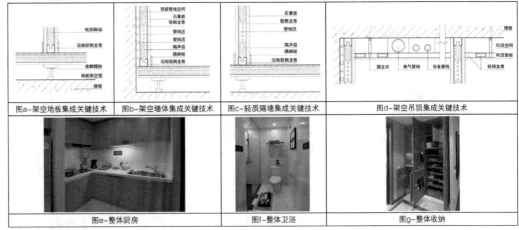

图a-架空地板集成关键技术　图b-架空墙体集成关键技术　图c-轻质隔墙集成关键技术　图d-架空吊顶集成关键技术

图e-整体厨房　图f-整体卫浴　图g-整体收纳

表6 管线设备集成系统及关键技术

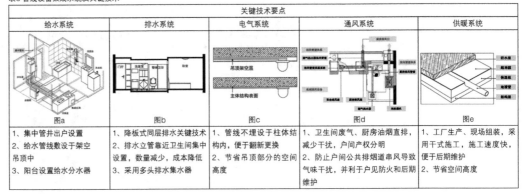

关键技术要点				
给水系统	排水系统	电气系统	通风系统	供暖系统
图a	图b	图c	图d	图e
1、集中管井出户设置 2、给水管线敷设于架空吊顶中 3、阳台设置给水分水器	1、降板式同层排水关键技术 2、排水立管靠近卫生间集中设置，数量减少，成本降低 3、采用多头排水集水器	1、管线不埋设于柱结构内，便于翻新更换 2、节省吊顶部分的空间高度	1、卫生间废气、厨房油烟直排，减少干扰、户间产权分明 2、防止户间公共排烟道串风导致气味干扰，并利于户见防火和后期维护	1、工厂生产、现场组装，采用干式施工，施工速度快，便于后期维护 2、节省空间高度

3.3.2 适老化整体解决方案

适老化整体解决方案以适老化分级策略为依据，针对不同的适老化需求和不同的户型产品，合理规划布置各个功能空间，并且通过整合配置或提前预留的方式，尽可能完善整合现有适老化部品，实现套型适老化整体解决方案的实施落地（图10）。

3.3.3 综合性部品整体解决方案

综合性部品技术解决方案是基于国际前沿理念和以往的住宅发展与建设经验，通过实施先进的干式内装施工技术，实现新型内装工业化的最终落地。综合性部品技术解决方案有助于全面提高住宅建筑全寿命期内的品质，是实现住宅可持续建设的重要方向（图11，12）。

3.4 绿色低碳化

3.4.1 节能设计

百年住宅的建筑设计充分考虑项目地域特点和当地气候条件，优先采用节能环保的新技术、新工艺、新材料和新设备，实现节约资源、保护环境和减少污染，并为人们提供健康舒适的居住环境。示范项目通过调整外形轮廓控制楼栋体形系数（图13），同时控制楼栋窗墙比、采用外遮阳技术、光伏太阳能热水技术、以及采用节水型器具、节能型灯具等节能技术，实现了百年住宅降低能耗节约资源的绿色低碳化建设目标。

3.4.2 健康化部品

百年住宅的室内环境应保证空气环境、声音环境的健康。在使用室内新风系统实现24h全面换气的基础上，采用健康化部品如湿度调节呼吸砖、低甲醛环保材料、自洁耐久仿石涂料，起到污染控制和环境调节的作用（图14）。

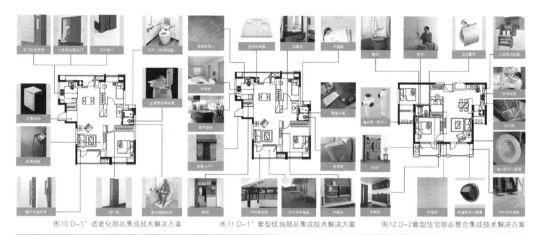

图10 D-1'适老化部品集成技术解决方案　　　图11 D-1'套型优良部品集成技术解决方案　　　图12 D-2套型住宅部品整合集成技术解决方案

原方案　　　　　调整外形轮廓后

图13 楼栋外形轮廓规整化　　　　　　　　　　　图14 呼吸砖示意

4 结论

　　中国百年住宅的成功研发，是经过长期以来对国际工业化住宅建设先进技术的持续学习与借鉴，并及时进行本土化实践再创新形成的。"长寿化、高品质、低能耗"的中国百年住宅适应我国房地产业转型升级和质量提升的迫切需要，为减轻当前房地产行业面临的资源环境压力提供了有效的解决方案。

　　通过绿地崴廉公馆百年住宅示范项目的实践与综合性研发，开创了适合我国国情和建设技术水平的百年住宅建设技术体系，以系统的方法来统筹考虑建筑全寿命期的规划设计、施工建造、维护使用和再生改建的全过程，将"建设产业化、建筑长寿化、品质优良化、绿色低碳化"作为发展建设的核心目标，为促进新型居住性能优良和长期耐久的高品质住宅的升级，带动开发建设企业支撑技术的转型，引领我国住宅产业化现代化发展做出积极探索。A।

参考文献

[1] 内田祥哉. 建筑工业化通用体系[M]. 姚国华等，译. 上海：上海科学技术出版社，1983.
[2] 刘东卫. 日本集合住宅建设经验与启示[J]. 住宅产业，2008（6）.
[3] 吴东航，章林伟. 日本住宅建设与产业化[M]. 北京：中国建筑工业出版社，2009.
[4] 刘东卫. SI住宅与住房建设模式 体系·技术·图解[M]. 北京：中国建筑工业出版社，2016.

项目实施团队

规划设计与研发：中国建筑标准设计研究院有限公司、市浦设计

项目开发建设：绿地控股集团有限公司

内装部品集成设计：海骊建筑装饰设计（上海）有限公司、松下住建有限公司

内装实施：海尔家居集成股份有限公司、松下亿达装饰工程有限公司

国际开放建筑的工业化建造理论与装配式住宅建设发展模式研究

The Industrialization Construction Theory of the International Open Building and the Research on the Development Model of the Prefabricated Housing Construction

撰文 刘东卫 刘若凡 顾芳 中国建筑标准设计研究院有限公司

摘 要 开放建筑理论作为住宅工业化发展的第一理论基础，是涉及设计理念、体系构建、技术集成等方面的综合性研究体系。简述了国际开放建筑发展历程和工业化建造理论，论述了其对我国建筑产业化和装配式住宅发展的重要意义。针对当前我国建筑产业化普遍存在的问题，提出了装配式住宅建设发展的新模式，结合北京雅世合金公寓、北京光合原筑和上海崴廉公馆项目的整体解决方案进行详细介绍。

关键词 国际开放建筑 工业化建造 可持续发展建设 建筑产业化 装配式住宅

1 国际开放建筑的发展历程与工业化建造

1.1 可持续性住宅体系的建设与供给模式

1.1.1 SAR支撑体住宅

SAR支撑体住宅理论是二战后的现代建筑思潮之一，1960年由荷兰哈布瑞肯（Habraken）教授提出。20世纪60~70年代，虽然持续高涨的住宅建设经历了建设的回落期，而住宅工业化在理论层面却得到了深入发展。现代建筑思潮提倡发展兼具灵活性与高度工业化技术的建筑，强调建筑设计的整体秩序和群化思维，寻求内部空间的灵活多变和自我更新等思想，这些直接被SAR支撑体住宅理论吸收，将住宅中不变的主体结构发展为支撑体（Support），将灵活可变的非承重部分发展为可分单元（Detachable Unit）（图1）。SAR支撑体住宅的意义在于赋予了工业化建造理论层面的价值，突破了传统建筑的设计方法和策略，完成了理性思维（严密的逻辑体系）与感性设计（居住者参与选择可分单元）的协调。SAR支撑体住宅是综合性的体系，按照人的控制范围和参与设计的决策范围进行划分，再按照部品、构件的耐用年限进一步细分。作为通用性体系，SAR支撑体住宅自上而下的推广，为众多实践提供了理论指导。

1.1.2 OB开放建筑

哈布瑞肯教授在SAR支撑体住宅的理论基础上，提出了开放建筑（Open Building）理论，该理论也被认为是当代住宅工业化的基础性理论。其独特性在于以工业化的建造方式解决多样的居住需求，即在工业化住宅的建设过程中，提倡居住者参与；采用工业化技术，建成一种开放方式的住宅。居住作为一个综合性的社会问题，不仅局限于居住方式本身。开放建筑理论就是将居住问题纳入到更广阔的系统中，从不同的层级加以区分和解决，使人、住

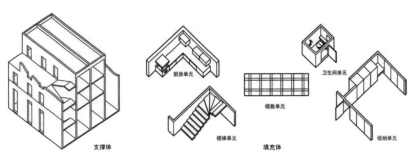

支撑体 厨房单元 模数单元 卫生间单元 楼梯单元 填充体 收纳单元

图1 SAR支撑体住宅理论

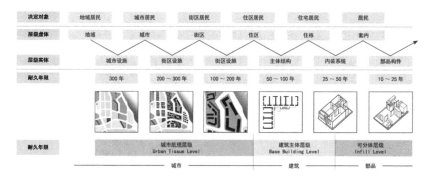

图2 开放建筑的层级划分

系统	子系统	所有权	设计权	使用权
支撑体	主体结构	梁、板、柱、承重墙	所有居住者的共有财产	开发方与设计方	所有居住者
	共用设备管线	共用管线、共用设备			
	公共部分	公共走廊、公共楼电梯			

系统	子系统	所有权	设计权	使用权
填充体	相关共用部分	外墙（非承重墙）、分户墙（非承重）、外窗、阳台栏板等	相邻居住者共有财产	开发方与设计方（视具体情况，居住者可以参与）	居住者
	内装部品	各类内装部品			
	户用设备管线	专用管线、专用设备	居住者的私人财产	设计方与居住者	
	自用部分	其他家具等		居住者	

图3 SI住宅体系

宅、环境形成有机的整体。因此其划分出城市肌理（Urban Tissue Level）、建筑主体（Base Building Level）和可分体（Infill Level）三个层级，分别对应了公（社会）、共（群体）和私（个人）三者（图2）。

开放建筑理论的形成发展可以分为两个阶段：第一个发展阶段（20世纪70年代），主要是发展建筑层级的营建系统，以建筑主体的设计作为提供个别空间自由变化的手段；第二个发展阶段（20世纪80年代中后期），开放建筑理论实现了由建筑层级的营建系统向室内填充系统的转变，并在城市、社会、经济等不同领域，演进成了一种"广义的开放建筑学"。作为一种体系化的建筑理论学说，开放建筑理论系统地诠释了哈布瑞肯教授的SAR支撑体住宅理论，在全世界范围内得到了广泛认可和发展，并在建筑领域进行了多元化的实践。

1.1.3 SI住宅

SI（Skeleton and Infill）住宅的基本概念是基于哈布瑞肯教授提倡的SAR支撑体住宅理论与体系，并受到开放建筑学思想的影响，经日本不断深入研究和创新，于90年代全面形成支撑体和填充体完全分离的新型住宅供给与建设模式、体系和方法。其核心之一是根据工业化生产的合理化，达到居住多样性和适应性的目的。SI住宅的理论及分级，是居住空间构成的"城市街区层级"、"建筑层级"和"居住层级"的等级划分。按照各自分级的设计特征，其空间的构成要素根据"公共"的城市街区体系、"共同"的支撑体体系和"住户"的填充体体系（内装、设备管线）来划分；其基本概念广泛应用于城市住宅的设计、建设和管理运营等方面。区别于单纯的建筑技术、手段或方式，SI住宅体系拥有独特、创新的实践基础，这也就保证了SI住宅的现实可行性（图3）。

（1）支撑体S

支撑体S（Skeleton原指骨架体，广义为支撑体）指住宅的主体结构（梁、板、柱、承重墙）、共用部分设备管线以及公共走廊和公共楼电梯等公共部分，具有100年以上的耐久性。支撑体属于公共部分，是住宅所有居住者的共有财产，其设计决策权属于开发方与设计方，公共部分的管理和维护由物业方提供。

具有耐久性的支撑体是SI住宅体系工业化住宅的基础和前提，同时也提高了住宅在建筑全寿命期内的资产价值。住宅可持续发展建设依赖建筑主体结构的坚固性，SI住宅体系中具有耐久性的支撑体部分大幅增加了主体结构的安全系数。通过支撑体划分套内界限，也为实现可变居住空间创造了有利条件。

（2）填充体I

填充体I（Infill）指住宅套内的内装部品、专用部分设备管线、内隔墙（非承重墙）等自用部分和分户墙（非承重墙）、外墙（非承重墙）、外窗等围合自用部分等，具有灵活性与适应性。自用部分是居住者的私有财产，其设计决策权属于居住者。围合自用部分虽然供居住者使用，但不是由某一个居住者决定，其设计决策权需要与相邻居住者、物业方共同协调。非承重的外墙（剪力墙等承重外墙则属于支撑体体系）展现了住宅的外观形象，会随着环境的变化和时间的推移发生改变。

具有灵活性与适应性的填充体是SI住宅体系的发展途径，同时也提高了住宅在建筑全寿命期内的使用价值。住宅可持续发展建设需要首先考虑人的因素，从居住者的需求出发，平衡建筑的功能和形式。SI住宅体系中灵活性与适应性的填充体使套内空间长期处于动态平衡之中，可以根据不同的使用需求，对填充体进行部分"私人定制"。

1.2 住宅工业化生产的建筑通用体系

1.2.1 KEP住宅体系

KEP（Kodan Experimental Housing Project）是日本住宅公团开发的一种以工厂生产的开放式部品所形成的住宅供应系统，是日本基于住宅产业化整顿发展起来的住宅部品构件生产模块，通过住宅部品构件的集聚使住宅生产达到省力化的实验性研究成果。KEP住宅体系从1973年开始一直持续到1981年，实验的目的是探究住宅生产的合理化。

KEP构建了开放式住宅的设计形式，改变了程式化的住宅供应方式，并以住宅工业化技术手段作为技术保障，开发适用于该体系下的通用性部品，以满足居住者对住宅灵活性与适应性的需求。KEP计划的重要思路就是让居住者参与到设计和建造过程中，改变建筑被全权控制在规范流程之内的模式，将灵活可变的居住空间交由居住者自己决定。

KEP建立了住宅内装部品生产的开放系统，当其逐渐成熟时，与之相应的住宅工业化策略也发生了变更。目录式住宅设计系列（KEP System Catalogue）的中心思想是向居住者提供一个开放性的可变居住空间，通过不同部品的组合，实现住宅的灵活性与适应性。KEP目录式选择中的关键技术就是要有效控制目录上的选择因子——部品和构件。为了提供切实有效的技术保障，KEP提出了住宅部品的分割规则，即对部品模块（整体厨房、整体卫浴、整体收纳等）实行统一的规格标准，工厂预制、现场拼装。部品模块的灵活性与适应性改变了住宅工业化的封闭体系，建立了住宅内装部品生产的开放系统，也促进了住宅产业的同步发展（表1）。

表1 KEP建造四阶段

类别	第一阶段		第二阶段	第三阶段	第四阶段
	外部		内部		
系统	主体结构	外围护部品	内装部品		
构件部品	梁、板、柱、承重墙、设备管线（共用）等	分户墙（非承重墙）、户门、外窗、阳台栏板、阳台扶手、阳台分户墙等	轻质隔墙、吊顶、架空地板、整体厨房、整体卫浴等相关部分	轻质隔墙、整体收纳、专用设备、专用管线等	家具、其他非系统部分（No-System）
要点	1 住宅框架主体结构；2 公共设备及管线；3 外围护部品		1 由居住者设计套内空间；2 按照居住者的要求配备厨卫设备；3 按照居住者的要求设隔墙，灵活划分套内空间	1 按照居住者的要求深化套内空间设计；2 以规格化部品完成内装工作	居住者按照个性化需求，从住宅产品目录上选定补充性部分
示意	a		b	c	d

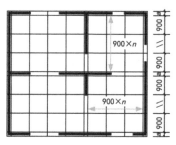

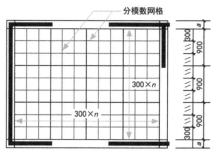

分模数网格

图4 NPS住宅体系平面模数　　　　　　　　　　　　　　　图5 NPS住宅体系房间的模数

1.2.2 NPS住宅体系

NPS（New Plan System）是1975年由日本建设省开发的公共住宅体系，是一种能够适应设计多样化的新系列。此住宅体系不仅可以适应不同的建筑用地形态和住户规模的扩增、住栋形态的变化等，还考虑到了工业化的生产措施，通过该主体结构系统和使用已经开发出来的住宅部品，在维持一定框架的同时形成可自由变化的多样性居住空间。NPS体系代替了1970年使用PC施工法和可以调整尺寸的标准设计SPH（Standard of Public Housing）。NPS的模数规划限定在外墙之间的区域内，即外墙轴线不居中，而是偏于外墙内侧，这种方式排除了因外围护结构材料、形式、厚度不同造成的误差，更为严谨、便利。

NPS的基本模数为900mm，两外墙之间的隔断设施以及厨卫模采用300mm。统一的模数成为了推行标准设计体系的重要基础和前提，也使部品、构件的通用性和互换性得到体现（图4，5）。NPS的特点是根据住宅的个别条件，为适当的设计提供"比例标准化"，使房间构成具有自由度的面积类型系列平面图，实现了把不同住宅套型拼接起来的混合型住栋。另外，为了能够适应寿命周期的变化，采用了活动可变的隔断或隔墙家具。中层NPS决定着设计的比例和主体形状、尺寸等，住户可以在其提供的条件内自由决定平面的大小。采用900mm模数构成，面积类型系列有50m²、60m²、70m²、85m²、100m²共5个基本类型，称为基本结构平面（表2）。通过统一进深的方法，可以采用把规模和形态不同的住宅套型拼接起来，构成一个楼栋的系统。

NPS实施的意义在于为创造灵活性与适应性的居住空间提供方法准则，促进住宅产业发展。NPS开创了公共住房多元化发展的新时期，促进了住宅标准设计、主体建造体系化、部品构件标准化之间的协调。NPS为居住者提供了系列化的套型，其准则也涉及部品的规格、尺度和部品间的衔接等问题，也促进了相关领域的产业化发展。

1.2.3 CHS住宅体系

CHS（Century Housing System）是日本建设省从1980年开始研究，为提高居住水平和振兴住宅相关产业实施的"住宅功能高度化推广项目"。作为一种新的住宅供给系统，CHS是KEP研究的发展，集住宅供给、规划设计、施工建造、维护管理于一体，适用于住宅建筑全生命期内，目标是提高住宅的耐久性。

CHS住宅体系的意义在于提高住宅的耐久性和社会性，最终实现住宅的长寿化。其社会性价值需要通过住宅耐久性来体现。CHS高耐久性住宅的建造模式、灵活性、适应性的居住方式，以及健全的维修管理系统，预示了公共住房将向可持续发展型的SI住宅升级换代。同时，CHS也奠定了日本住宅的未来发展趋势，即通过内装部品体系的构建，引领高品质住宅建设（图6，7）。

日本围绕CHS开展了"百年住宅建设系统认定事业"，从1988年起一直持续到今天，并制定了《百年住宅建设系统认定基准》。其中，百年住宅被定义为提供舒适的、可持续的居住生活，且居住者可以自行维护和更新的再利用住宅。

表2 NPS套型面积标准

面积类型	套型类型	居住需求
50m²套型	1L大DK；2DK	面向单人家庭
60m²套型	2L小DK；3DK	3DK为公营住宅的主流套型
70m²套型	2L小DK・S；3L小DK；4DK	公团住宅选择3LDK作为主流套型 公营住宅选择多室的4DK套型供多代家庭居住
85m²套型	3L大DK；3L小DK・S；4L小DK	大型起居室套型可实现公共空间的扩大
100m²套型	4L大DK；4L小DK・S；5L小DK	根据生活方式的不同设置储藏空间
注：L（Living Room）起居室；D（Dining Room）餐厅；K（Kitchen）厨房；S（Storage Room）储藏室。		

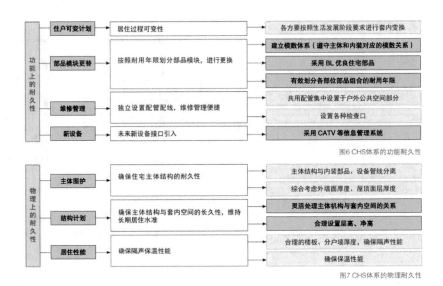

图6 CHS体系的功能耐久性

图7 CHS体系的物理耐久性

1.2.4 KSI住宅体系

基于20世纪末全球范围内提出的可持续发展理念和日本国内工业化水平的不断提高，加之日本在1997年提出了"环境共生住宅"、"资源循环型住宅"的可持续绿色理念，KSI（Kikon Skeleton Infill）住宅应运而生。KSI住宅是日本UR都市机构自1998年起开始研发的一种可持续性住宅。这种新型SI住宅继承了早期的研究成果，通过配套的设计思想和技术集成，更突出支撑体与填充体分离的技术特点，推动了工业化住宅与可持续性住宅建设的同步发展。

基于可持续发展观，KSI住宅采用了绿色营造、生产、再生的方式，在公共住房领域实现了SI住宅体系的可持续发展建设，并以系统的方法统筹考虑了住宅全寿命期（设计—建造—使用—改造）的全过程。

KSI住宅设计四要素包括：1）高耐久性的主体结构，可达到100年的使用寿命，具体要求包括：混凝土设计强度在30N/mm²以上、柱子及梁的混凝土保护层厚度达到5cm、水灰比控制在0.55以下等，并定期进行适度的主体结构维护保养；2）无次梁的大型楼板，减少套型设计上的障碍，确保内装变更的自由度；3）户外设置共用排水管，增加套内空间改造时的灵活性与适应性；4）电气配线与主体结构相分离，不埋于建筑主体结构之内，采用吊顶内配线或超薄型新型带状电线，带状电线厚度不超过1mm，可直接贴在吊顶上，并用墙纸覆盖（表3）。

2 我国开放建筑的发展

开端期（1980~1990年）：20世纪80年代是我国城市化建设、住房严重短缺的商品化改革时期。这一时期开始了开放建筑研究与实践，建筑学术刊物上对相关研究文章进行了刊登。90年代以后北京、天津等地率先开始了对住宅空间灵活性与适应性的实践。

表3 KSI住宅设计四要素

高耐久性主体结构	无次梁的大型楼板	户外设置公用排水管	电气配线与主体结构分离
100年的使用寿命	套型设计应确保内装变更自由度	套内空间改造时的灵活性与适应性	管线不埋于建筑主体结构之内

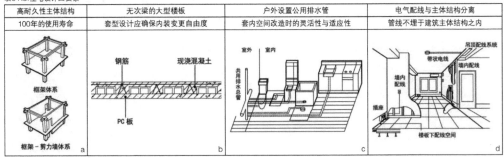

展开期（2000年至今）：2000年是我国房地产大量开发时期、住房品质与技术发展时期，进入以借鉴日本产业化技术为中心的开放建筑研究与实践的新阶段。中日双方在北京、上海开始了SI体系与集成技术实践的合作（表4）。

3 可持续发展中我国建筑产业化课题

3.1 资源能源消耗大

随着经济市场化的高速发展、社会城市化的不断加快，建筑业的建设活动与自然环境之间的矛盾也日益加深。建造和使用住宅不得不消耗大量资源与能源，维护和改造住宅又会陷入到不断生产建筑废物、持续消耗资源与能源的循环中。因此，过度开发和一味追求高速批量的住宅建设，严重制约了建筑领域的可持续发展道路。

3.2 建筑寿命短

目前我国房地产开发住宅竣工面积平均每年近8亿m²，庞大的工程建设量是我国建设历史中任何一个时期都不可企及的。然而我国住宅建造技术暴露出的问题众多：居住品质差、改造难度大、建设方式粗放、产业化水平低等，这与可持续发展建设的时代主题相背离，也是造成住宅"短寿命"的原因所在。

3.3 建造方式亟需转型升级

虽然我国政府、建筑行业提高了对工业化住宅新技术的研发和产业化推广的重视程度，并取得了一定的成绩。但受限于当前的建筑体系、建造方式和构造系统，工业化住宅的修饰定语仍然常被人们理解为"快速、粗略、单一"，发展前景也不甚明朗，亟需探索和实践适合我国国情、切实有效的发展途径，为住宅乃至建筑领域的可持续发展找到新方向。

4 基于开放建筑理论的装配式住宅建设发展模式

4.1 开放建筑与装配式住宅建设发展模式

开放建筑理论被认为是住宅工业化发展的第一理论基础，是涉及设计理念、体系构建、技术集成等方面的综合性研究体系。其独特性在于以工业化的建造方式解决多样化的居住需求，即在工业化住宅的建设过程中，提倡居住者的参与，体现理性思维（严密的逻辑体系）与感性设计（居住者参与）的协调，利用工业化技术，形成一种开放式的住宅。

建筑产业化的核心就是生产工业化。在工业发达国家的建筑生产工业化的程度相当高，而我国建筑产业化研究起步较晚，且生产工业化常被看作是一种技术、施工手段。事实上，发展我国装配式住宅，需要理论和实践相结合，才能突破住宅建设，特别是住宅工业化的发展瓶颈。开放建筑拥有得天独厚的理论和实践基础，可以有效指导设计实践。通过将我国建筑产业化、装配式住宅与开放建筑相契合，同时进行理论和实践的互动，以创造和发展新一代工业化住宅。目前我国随着产业化推进，借鉴日本产业化技术，学习并引进SI体系，结合开放建筑示范项目正将SI体系逐步本土化。

表4 我国开放建筑发展的主要研究与实践

年代（年）	主要研究与实践
1981	清华大学张守仪教授引进SAR支撑体住宅理论
1982	周士锷先生在《建筑学报》上发表《在砖混体系住宅中应用SAR方法的讨论》
1983	《建筑学报》第4期《工业化住宅标准多样化的探讨》对日本KEP和CHS体系进行介绍
1985	东南大学鲍家声教授完成SAR理论在国内的第一次实践——无锡支撑体住宅设计
1988	鲍家声教授《支撑体住宅》
1993	天津支撑体住宅TS（Tianjin Support）体系
1993~1998	香港大学贾倍思教授《长效住宅——现代建宅新思维》和《居住空间适应性设计》涉及以SI体系探讨住宅可持续性的研究内容
2004	大连理工大学范悦教授《21世纪型住宅模式》
2005~2009	中日技术集成示范项目——北京雅世合金公寓
2007	（日）清家刚先生《可持续性住宅建设》译本引进
2007	上海万科VSI（VANKE SI）体系建设示范项目
2009	吴东航先生《日本住宅建设与产业化》
2010	住房和城乡建设部住宅产业化中心《CSI住宅建设技术导则》
2010~2015	北京众美光合原筑示范项目
2012	《建筑学报》第7期住宅工业化特集
2012~2015	中国房地产业协会《中国百年住宅试点项目》——上海绿地崴廉公馆示范项目

目前，工业化生产建造方式的转型升级与装配式住宅建设发展模式成为新时期我国建筑行业关注的焦点。根据我国当前社会经济发展水平、工业化实践程度以及国际经验分析，开放建筑是我国在新世纪、新时期发展的核心内容。在建筑产业现代化和装配式住宅的重大战略决策上，围绕开放建筑理论提倡的可持续建设进行适宜调整是必然的选择。开放建筑对构建可持续性社会、降低建设资源与能源消耗、保护居住与生存环境具有重要意义。

4.2 标准设计体系的构建

住宅工业化生产是世界发达国家住宅产业发展现代化的标志之一，发达国家采用住宅建筑通用体系与住宅部品的集成体系生产以达到住宅生产工业化的目标。建筑产业现代化的通用体系与部品集成技术是工业化生产建造的基础和前提。采用新型工业化建筑通用体系建造的住宅，既能满足居住者多样化的住房需求，又能从根本上提高住宅的综合性能。

建筑产业的新型工业化建筑体系，是以建筑产业现代化为目标，通过建筑工业化生产的建造方式，将住宅建筑按照工业化建造体系划分出的系统性通用化部品体系。新型建筑工业化通用体系的基本特征是将支撑体和填充体分离，以工业化的方式建造住宅。其主要思想包括：建筑具有可变性，使用者能参与决策，与工业化生产方式结合。

我国建筑标准设计体系，是在借鉴支撑体和填充体相分离的建筑通用体系之上，结合我国实际情况进行的构建，并在设计、建造以及相关设备设施配置上先行考虑建筑生产方式、百姓居住方式和设备管线维护方式会对房屋造成的影响，以切实有效地实现住宅长寿化（图8）。

5 开放建筑示范项目的装配式住宅整体解决方案

北京雅世合金公寓项目，是我国最早完整实现住宅支撑体和填充体分离的开放建筑实践项目。把住宅研发设计、部品生产、施工建造和组织管理等环节联为一个产业链，通过设计标准化、部品工厂化、建造装配化、建设通用化的新型工业化住宅，构建并实施了工业化内装部品体系和集成技术。

北京光合原项目是我国"十二五"国家科技支撑计划——"保障性住房新型工业化建筑体系与关键技术标准研究"的示范工程，是以公共租赁住房为对象进行的保障性住房工业化住宅通用体系与集成技术攻关的实践。

在上海崴廉公馆项目中，提出了我国百年住宅设计理念（图9），以建筑全生命期为基础，围绕保证住宅性能和品质的规划设计、施工建造、维护使用、再生改造等技术为核心的新型工业化体系与应用集成技术，力求全面实现建设产业化、建筑长寿化、品质优良化和绿色低碳化，提高住宅综合价值，建设可持续居住的人居环境（表5）。

6 我国开放建筑与装配式住宅的未来发展与展望
6.1 落实综合性整体解决方案

构建新型住宅工业化的建筑标准体系与内装工业化是在我国当代建筑产业化背景下的多种住宅工业化技术、部品、构配件的集成体，其建造和实施涉及到多个行业和多项具体工作。未来应结合目前开放建筑示范项目实践经验，继续研发并落实装配式住宅的整体技术解决方案。

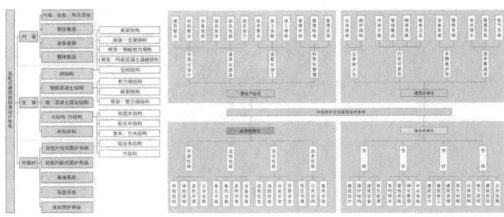

图8 装配式建筑的标准设计体系　　　　　　　　　　　　　　　　　　图9 中国百年住宅建设技术体系

表5 开放建筑示范项目信息

	雅世合金公寓	众美光合原筑	绿地崴廉公馆
透视图	a	b	c
建设地点	北京	北京	上海
项目类型	普通商品房	保障性住房	高端商品房
设计时间	2005~2009年	2010~2015年	2012~2015年
用地面积	22 147m²	15 805m²	79 166m²
建筑面积	77 848m²	16 949m²	289 751m²
设计理念	绿色建筑全寿命期	保障性住房工业化通用体系	百年住宅
结构主体	混凝土小型空心砌块配筋砌体结构	框架剪力墙结构	剪力墙结构
楼栋形式	单元式	外廊式	单元式
大空间体系	d	e	f
套型平面	g-A套型	h-A4套型	i-D1套型
	j-B套型	k-D4套型	l-D2套型

6.2 坚持全方位住宅产业创新

树立开放建筑的新观念,力求每个项目都要实现全过程、全方位、新体系、新技术系统设计。立足于创新,涉及开放建筑设计理念、住宅科技、住宅环境、材料设备、绿色低碳、居住文化等多方面的开拓创新,最终建设出属于我国的优质成品住宅。

6.3 发挥多领域优势资源整合

装配式住宅是将建筑产品的开发、设计、施工、部品生产管理和服务环节联结为一个完整专业化的生产体系。开放建筑未来在我国的发展则应符合我国建筑产业化体系,以创新思路和方法为特点,以科学组织和现代化管理为手段。同时利用资源优势,借助国际合作,打造良好的技术交流平台与推广平台,推动我国建筑产业现代化向可持续发展的新方向迈进。■

参考文献
[1] 彰国社. 集合住宅实用设计指南[M]. 刘东卫, 译. 北京:中国建筑工业出版社, 2001.
[2] 建筑产业现代化国家建筑标准设计体系[S]. 2015.
[3] 刘东卫, 闫英俊, 梅丽秀平, 等. 新型工业化建筑背景下建筑内装填充体研发与设计建造[J]. 建筑学报, 2014(7).
[4] 秦姗, 伍止超, 于磊. 日本KEP到KSI内装部品体系的发展研究[J]. 建筑学报, 2014(7).

中国住宅建设的设计技术新趋势

Research on Trend of Design Technology for China Housing Construction

作者：刘东卫 李景峰 秦姗 郭洁 王锴 闫晶晶 张艺馨

关键词：社会背景	社会资产问题	土地利用问题	居住保障问题	资源环境问题			
社会动向	城市化	产业化	老龄化	少子化	品质化	价值观	生活方式
未来趋势	品质性能化	公共居住化	绿色低碳化	高龄少子化	住宅产业化		

1 品质性能化的住宅设计建造技术

1.1 长寿化的 SI 住宅与资产的保值增值。

住宅是寿命不同的材料和部品的集合体，住宅维护维修和资源与建筑寿命等课题尤为突出，建筑物生命周期的延长就是对资源的最大节约。现在大量的住宅在设计使用周期内被拆除是多方面原因造成的，反映出我国房屋建设中存在的质量、规划设计等各方面诸多问题。传统建造住宅设备与结构不分离，比如管线埋在混凝土里，混凝土寿命长，但管线寿命相对较短，维护困难。住房是家庭价值最大的财产，住宅也是社会宝贵的财富，人们会十分关注住房的权属价值、使用年限以及保值增值潜力。我们住宅建设要重视建筑自身的问题，要有效地延长住宅建筑的生命周期，以住宅的长寿化技术来实现持续的、长效的节约。从国际住宅建设科技发展趋势来看，高耐久性住宅研发和 SI 住宅及生产技术开发，是 21 世纪住宅建设和研发设计的两大发展方向，SI 住宅及建设生产技术的开发也成为我国工业化住宅的工程应用所研发的焦点性课题，《CSI 住宅建设技术导则》颁布，传播了国际先进住宅科技理念与成果（如图 1-1，图 1-2，如图 1-3）。

1.2 城市复合型住区与高层高密度住区的涌现。

住区规划突破目前单一的封闭型住区规划，尝试开放与复合的城市型住区规划。封闭的住区便于管理，但适度开放的住区更加有利于城市的发展。城市型的住区，在以住宅为主的基础上，融合了商业建筑、办公建筑以及一些其他类型的建筑，住区内部就能够为居民提供生活、休闲、教育等各方面的服务，同时还可以提供工作机会，一方面方便了居民的生活、节省了时间成本，另一方面也有利于减轻城市交通压力。在解决居住的亲切舒适性与城市用地紧张的矛盾方面，高层住宅大量出现，高密度住区会是规划建设的主流之一。

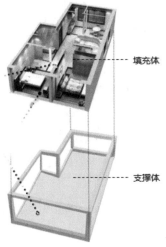

填充体

支撑体

编自 2011 年第十届中国国际住宅产业博览会《中国住宅新趋势》论文集

图 1-1 北京大兴众美项目 CSI 住宅体系

1.3 社区生活空间的构筑。

建筑师就应该设计好有利于人们健康的各种室外生活空间，如尺度宜人的交往空间、安全舒适的儿童游戏场所、体育健身活动场所等。这些空间和场所应最大限度的满足各年龄段居民的需求，方便居民的使用，愉悦人们的心情，营造"家"的温馨感受。在进行规划设计的过程中，使之满足人们生理、心理上的各种需求，满足人们的各种生活需求，进一步丰富和完善住区的生活空间。设计不再追求宏伟、壮观，而是亲切温馨，尺度宜人，便于交往。

1.4 符合市场的高品质产品的需求。

市场形势正在发生变化，政府加强了宏观调控和抑制投机投资性需求的同时，加大了保障性住房建设力度，市场供求关系将发生明显变化。居民的住房消费观念也在发生变化，设计合理、功能齐全、质量优良、配套完善的中小套型、中低价位住宅产品受到消费者欢迎，租赁型消费需求逐步增加。宏观调控也给转型升级带来了机遇，促使企业更加重视产品创新和技术进步，重视住房的质量和性能。要根据实际找准市场定位和产品定位，从单纯依靠住宅开发向兼顾商业地产、科技地产、老年地产和高端高规格地产转型，从单纯出售型住宅开发向兼顾持有型商业物业和租赁型商品住房转型。

1.5 由单向质量转向综合性能的发展。

低品质而又同质化的产品竞争日趋激烈，开发商的销售压力越来越大，仅凭炒作和包装手段已无法达到促销效果。在此大形势下，更多的开发商开始寻找新的产品突围之道。住宅的品质对于消费者、对于开发商，无疑都是关注的焦点，能够综合全面地反映其品质的是住宅性能认定。伴随着住建部住宅性能认定制度的制定与实施，我国专家吸取大量国外先进经验并结合我国的实际情况，把住宅的品质分成适用性、环境性、安全性、耐久性、经济性五个方面，比较系统的对住宅建筑质量进行全方位考核监督，经过多年实行已颇见成效。通过适用、环境、经济、安全、耐久 5 个方面的性能认定，建立住宅性能认定的工作机制，积极推广住宅项目进行性能认定工作。

1.6 住宅全装修的一体化整合设计。

从产品供应的角度看，房地产市场产品同质化现象严重，要想在市场竞争中取胜，仅靠套型、景观的变化已很难有所突破，而全装修成品房无疑是产品升级和赢得市场的有效途径。全装修成品房逐渐被国内房地产商所采纳并推崇，已然成为了国内房地产开发百强企业中所占比重最大的开发项目，且其比重仍在增加。全装修成品房越来越得到认同，为大众提供全装修品房的住宅是市场前进的表现。通常的精装修设计是在原来毛坯房设计的基础上，做一些体现个性化的设计，往往是建筑设计院出的施工图只是毛坯产品，开发商要做精装修还要另请室内设计师来确定装修效果。而住宅全装修的一体化整合设计强调住宅设计与全装修实施整合的精细化，重视对于住宅内部每项功能面积的分配和利用，进一步细化对住宅功能的设计，使居民的多种功能需求都能够在住宅内部得到满足，使土建、装修设计施工一体化，在主体结构设计阶段统筹完成室内装修设计，且提倡采用 SI 分离体系——即内装与主体结构分离体系。

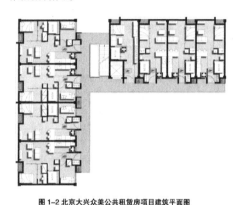

图 1-2 北京大兴众美公共租赁房项目建筑平面图   图 1-3 北京大兴众美公共租赁房项目

2 公共居住化的住宅设计建造技术

2.1 保障性住房套型设计的创新。

从国家的政策上看，已经明确提出保障房体系的建设，那么未来住宅建设将由保障性住房供应体系和商品房供应体系共同组成，这是未来我们创新的出发点和基点。我国的家庭结构多是"三口之家"，保障性住房套型设计上应更加注重精密化设计，可在套内设计功能齐全且可分可合的格局，适合不同的家庭居住，更注重套型设计的灵活性可使现有套型模式出现新变化。耐久性对保障房而言更加重要，在建设保障性住房的时候，必须要考虑它的耐久性，从功能设计、部品应用等多方面来保证耐久性。

2.2 保障性住房技术集成的关注。

发展先进的保障性住房的适宜技术、构建完善的技术体系，是发展保障性住房的重要支撑。与发达国家相比，我国在部分技术及其应用上仍然存在一定差距，尤其是在技术集成化和系统化方面。力争研发具有我国特色的关键技术及体系，着重推动适合国情和地域特征的保障性住房的技术集成，成为发展保障房建设的关键因素。保障性住房是一种以政府作为主导的小面积规模套型，有利于系列化设计、标准化部品应用和工业化建造的实施，对于提升住宅产品质量，实现"住有所居"的住房保障总体目标有着无可比拟的优势，可以提高住宅建设质量和建造效率，提升性能，减少资源浪费，从而实现"住有所居"的住房保障总体目标。（如图 2-1）

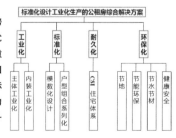

图 2-1 保障性住房技术集成的综合解决方案

2.3 保障性住房建设试点的开展。

在保障性住房项目中进行产业化试点，完善产业化住宅标准体系，在试验和试点工程基础上，广泛吸收国内外已有成果，形成产业化住宅标准体系。鉴于房地产调控政策的国家经济增长方式的转变，房地产市场的发展和住宅建设呈现新的趋势，保障性住房、全装修住宅以至工业化集成化将成为住宅发展的方向，整合国内外集成技术资源的同时，提供技术集成解决方案的住区规划设计精品工程示范项目，在住宅产业化中起到示范和带动作用，有利于加快推进住宅产业集约化发展。（如图2-2）

图2-2 北京大兴众美公共租赁住房方案

2.4 保障性住房体系化标准化程度的提高。

随着保障性住房开发建设的不断探索，其体系化与标准化程度会有较大的提高，项目性能及技术指标也将逐步完善，将推动保障性住房的建设水平，以实现住宅设计的标准化、生产部品化、供应系列化。保障性住房体系化与标准化程度的提高可适应大量建设需求，标准化部品遵循的是工业化的生产和安装方式，提高了保障性住房质量的稳定性，可得到广泛的应用。

3 绿色低碳化的住宅设计建造技术

3.1 绿色建筑对节能减排的引领。

作为国民经济重要产业的建筑业，是节能减排最重要的领域之一。我国每年大约有20亿平方米的建筑总量，目前建筑相关能耗约占全社会总能耗的近50%（其中建造和使用过程中的能耗约占全社会总能耗的30%，建材生产过程中的能耗约占全社会总能耗的16.7%），建筑节能潜力巨大。与普通建筑相比，绿色建筑是指在建筑的全寿命周期内，最大限度地节约资源（节能、节地、节水、节材），保护环境和减少污染，并与自然和谐共生的建筑。绿色建筑通过充分利用自然资源，集成低能耗围护结构、绿色配置、太阳能地热能利用、空气质量监控自平衡系统、绿色建材和智能控制等新技术，可有效解决能源节约和环境保护问题，为人们提供健康舒适环保的生活环境，具有显著的经济效益、社会效益和环保效益，是住宅业应对未来挑战必然选择。

3.2 绿色建筑评价与绿色建筑新技术的推进。

我国绿色建筑从2008年开始起步，上海、广西、江苏、浙江、山东等地均已出台地方绿色建筑评价规范，开展了地方一、二星绿色建筑评价标识工作，取得了良好效果，并采取有效措施大力推广绿色建筑新技术，推动节能建筑向绿色建筑升级。

3.3 节能省地环保型住宅的展开。

在住宅建设和发展中，当前国家要求把思想和行动统一到建设资源节约型和环境友好型社会、合理引导住房消费需求和消费模式的决策部署上，发展节能省地环保型住宅是房地产业发展的方向。发展节能省地环保型住宅的要求，以节能、节水、节材、节地和环境保护为重点，集成应用"四节一环保"技术，发展节能省地型住宅则是推进住宅产业现代化的主要目标和指导思想。

3.4 建筑形式多元化与节能的矛盾解决。

在设计中对建筑节能标准的控制主要从建筑的形体系数、窗墙比、维护结构的传热系数三个方面的指标进行实施。对建筑形式多元化和个性化的追求，必然导致建筑师对建筑立面个体化的设计，使建筑物体形系数增加。对建筑的自然采光、现代感的追求，导致建筑的窗墙比越来越大，会使建筑单位能耗明显增加，建筑师肩负着引导房地产市场正确发展的责任。（如图3-1，3-2）

图3-1 太原十二院城项目　　　　　　　　　　　图3-2 山东寿光绿城项目

4 老龄少子化的住宅设计建造技术

4.1 发展中的中小套型产品的升级。

从设计角度来说，中小套型对设计技术和功力要求更高，当前的设计产品也差强人意。我国正在建立以中小套型为主体的住宅体系，逐渐形成科学文明、合理适度梯次渐进的住房消费观念。我国的家庭结构多是"三口之家"，90平方米左右的套型最适合三口之家。中小型套房的设计上应更加注重精密化设计，使套内居室格局更加齐全，以适合不同情况的家庭。根据家庭生命周期内的家庭结构、生活形式、职业变化等情况的变异，内部空间可以灵活再分隔。套型的大小总体上是由市场需求来决定的，由于受二套房的首付比例、利率，以及三套房停贷政策的影响，中小套型可能将迎来一个新的时期，购买的主力军将是广大刚需型的购房者，当然也包括部分因资金不足无法投资大套型的购房者。住宅产品在中小套型的功能、环保、装修、配套等多个方面，被赋予更多升级因素。

4.2 适老化住宅和老年住宅的方向。

目前中国已经开始进入老龄化社会，老龄化是未来中国要面对的一个非常严峻的问题。发展老年住宅是我国住宅建设的重要组成部分，老年地产也将会是未来发展的一个重要方向。不断地加快住宅建设，既要提高广大居民的居住水平，也应为解决好老年住宅问题奠定较好的物质基础。要做好老年居家养老住宅的适老化工作，发展居家养老的各种社会服务工作，使居家养老的老年人住得舒适温馨，生活方便。老年住宅在设计上，要考虑和适应老年人的养老需求，部品也要体现针对性特点，做到安全、可靠和健康。

4.3 老龄化少子化社会的多样化产品。

"一胎化"政策的实施，使得我国家庭户均人口数逐步下降，在目前总人口数仍处于惯性增长的时期，家庭规模的小型化发展将使需求的总量上升，对市场化住宅供给来说住宅规模的小型化也是必然趋势。家庭形态的演变趋于小型化，并呈现老、中、青三种类型化家庭，其起居生活方式多元化，新的类型化住宅设计是对居住者的"生命周期"不同阶段客观需求的有效应对。套型变化则源于人们居住需求的变化，要能够满足特定居住者的需求，从而向不同客户提供有针对性的进一步细分的产品，如单身住宅、丁克公寓和老人公寓等。（如图4-1）

图4-1 北京大兴众美公共租赁住房套型变化方案

5 住宅产业化的住宅设计建造技术

5.1 标准化部品化体系的建立。

建立完善的部品体系，实现部品开发、生产和供应的标准化、系列化、通用化，是实现住宅产业化的重要标志。自1999年出台《关于推进住宅产业现代化提高住宅质量的若干意见》十多年过去了，已初步建立了符合产业化方向的建筑（住宅）部品体系，一大批建筑材料和部品部件实现了通用化设计和规模化生产，部品部件的开发能力和生产质量明显提高。

目前，由中国国家认证认可监督管理委员会批准，专门从事建筑产品认证的机构共有四家。在产业协作中，部分开发企业通过其产品开发，带动技术进步和部品的升级换代，促进形成一批建筑部品生产、技术应用和技术集成的企业。科研设计企业，也在发挥技术优势，加强对技术的集成和系统整合。标准编制、建筑设计、科研单位及开发、部品、施工企业组织起来，成立产业联盟，搭建互利共赢的平台，形成产、学、研、用的完整产业链，实现科技成果与企业技术进步需求的有效对接，加快新材料新产品的推广应用。

5.2 住宅产业化工业化标准体系的形成。

推进住宅产业现代化，通过工业化建造方式和产业链组织方式，积极发展工业化住宅。工业化住宅是未来我国住宅的发展模式，考虑体系的问题，从这个角度出发进行标准化，然后再推广系列化，标准化和多样化结合起来，才能形成工业化。以住宅成品为最终产品，做到设计多样化标准化、住宅部件的通用化系列化以及住宅管理的专业化规范化的生产和经营的组织形式。在工业化住宅建设中还要重视另一个问题——部品，也就是说产品要集成，要把所有的部品集成在一起，而不是随意组装。着力研究住宅产业化技术，包括住宅体系，部品设计和生产工艺，产业化技术的应用等；产业化住宅相关技术标准和规范，包括标准套型设计图集，生产施工和验收标准等。组建产业联盟，培育住宅产业化实施主体，使生产能力适应产业化住宅建设需要，使传统建材企业向以住宅产业化为特点的部品生产企业转型，使开发、设计、部品生产、施工和科研单位组成联合体。（如图5-1，5-2）

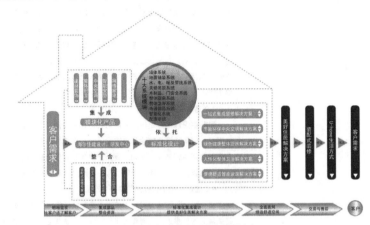

图5-1 海尔住建的美好住居集成解决方案

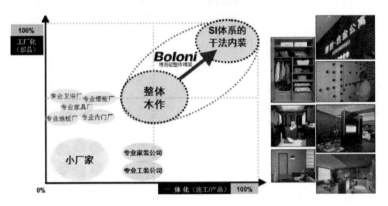

图5-2 博洛尼的工业化内装集成解决方案

5.3 日本住宅产业化的经验借鉴与国际合作。

我国正处在住宅产业化和工业化进程之中，大规模建设将持续较长时期，我国住宅工业化的发展尚处在起步阶段，无论是在设计理念、科技研发、工厂化制造、现场管理、产业链配套延伸发展方面与日本相比还有较大差距，日本住宅产业化成为中国住宅工业化学习的对象。许多开发企业、部品企业，甚至包括一些建筑设计院，纷纷前往日本参观考察住宅产业化技术和相关项目，与此同时许多日本知名企业进入国内与我国企业全面合作。在工业化、市场化、国际化背景下，围绕节能环保的可持续发展主题，通过学习与解剖日本的经验，结合从当前我国住宅工业化生产所面临的课题来看，当前住宅工业化关键技术研发与实践的中心工作是要解决好以下四大问题：第一是重点引进开发先进住宅建筑体系；第二是大力促进住宅工业化的部品化工作；第三是加强住宅工业化生产关键集成技术攻关；第四是积极促进我国集合住宅工业化生产的试点项目建设。在树立住宅生产工业化基本理念的正确认知前提下，抓好工业化住宅体系及集成技术的转型换代与技术创新的工作，通过住宅工业化生产的技术转型来促进我国住宅生产方式的根本转变。

5.4 装配式住宅的研发。

我国居住需求量巨大，住宅产业发展迅速，而且住宅工业化技术和部品进步明显，政府推进与企业尝试大量展开，围绕制造业思想引进的住宅工业化成为新时期人们关注的热点问题，正值促进住宅生产建设方式转型、大力发展装配式住宅的有利时机。装配式住宅是在工厂将住宅主体和内装等全部或部分部件和部品预制完成，且在施工现场对预制的部材和部品进行组装，以工厂化、标准化、集成化和通用化为基本特征，以住宅通用体系的集成技术和装配式工业化生产方式来建造的集合住宅。通过进一步完善预制装配式住宅技术标准体系，为装配式住宅的发展提供坚实的技术支撑，以大力推广工业化的装配式住宅，促进住宅建设的可持续发展。装配式住宅是对传统住宅建造模式的突破，将极大促进住宅的升级换代，是推动我国住宅产业现代化发展的革命，具有划时代意义。

5.5 部品化整体厨卫的应用。

整体厨卫从工厂生产到现场组合装配，是全装修工业化的代表性部品，应大力推广应用符合标准化设计、工厂加工和现场装配要求的部品体系，如整体厨房、整体卫生间等核心部品，并提高各类产业化部品、部件的应用率。随着全装修市场巨大的变化带来了整体厨卫行业的大发展，整体厨卫符合模数协调原则，综合考虑各类设备的配置，满足通用性互换性成套性的要求，各种管道和管线宜集中敷设，宜使用整体卫生间，同层排水。整体卫浴是在工厂制成一体化浴室空间，采用的是干法施工，这避免了施工中材料选择失误与装修不当所造成的麻烦，且产品是完全按人体工学原理进行设计的，这比传统卫生间装修更趋合理，整体卫浴作为一种新型全装修模式越来越受到市场的欢迎。（如图5-3）

图5-3 北京大兴众美公共租赁住房

06

百年住宅·供给篇

Supply

SI 住宅·新供给

SI Housing · New Supply

SI（Skeleton and Infill）住宅建筑理论及体系继承了 20 世纪 60 年代现代建筑思潮中——荷兰 SAR（Stichting Architecten Research）支撑体住宅，并受到开放建筑（Open Building）思想的影响，经日本不断深入研究和创新，于 20 世纪 90 年代全面形成支撑体（Skeleton）和填充体（Infill）完全分离的住宅体系。SI 住宅体系具有提高主体结构和内装部品性能、便于设备管线的维护更新和套内空间灵活可变这 3 方面特征。SI 住宅体系可在住宅建筑全寿命期内全面提升住宅的资产价值和使用价值，是今后住宅设计和建造的重要方向，可引领高品质、长寿化住宅建设和住宅产业现代化发展。

支撑体 S

日本界定 SI 住宅体系中的支撑体 S（Skeleton 原指骨架体，广义为支撑体），由住宅的主体结构（梁、板、柱、承重墙）、共用设备管线和公共部分（公共走廊、楼电梯等）组成。支撑体属于公共部分，是住宅所有居住者的共有财产。公共部分的管理和维护由物业方提供。

具有耐久性的支撑体是 SI 住宅体系的基础性前提，可提高住宅在全寿命期内的资产价值。SI 住宅体系中耐久性的支撑体大幅增加了主体结构的安全性能。通常其主体结构部分具有 100 年以上的耐久性，也为实现可变居住空间创造了有利条件。

填充体 I

填充体 I（Infill）包括住宅套内的内装部品、专用部分设备管线、外墙（非承重墙）和外窗等外围护部分，具有灵活性与适应性。自用部分是居住者的私有财产，其决策权属于居住者。日本 SI 住宅的围护部分虽然供居住者使用，但不能由某一个居住者决定，其决策权需要与相邻居住者、物业方共同协调。

具有灵活性与适应性的填充体是 SI 住宅体系的核心要素，提高住宅在建筑全寿命期内的长久使用价值。住宅可持续发展建设需要首先考虑到人的因素，以居住者的需求作为出发点去平衡建筑功能与形式。SI 住宅体系中富有灵活性与适应性的填充体使套内空间长期处于动态的平衡中，可以根据居住者不同的使用需求对填充体部分进行"私人定制"，满足其随时间和空间的变化而变化的需求。

绿色建造方式

技术创新带动社会发展进步，以绿色建造技术为先导是当今建筑领域的发展趋势。由于 SI 住宅支撑体与填充体的有效分离，可以使支撑体和填充体的各级子系统进行独立性工业化生产制造，促进了住宅生产方式从手工操作转向工业化生产，从单件差异化生产转向规模标准化生产，从传统的现场"湿作业"施工转向预制装配"干作业"生产建造方式。以绿色建造技术彻底改变传统建设中的高投入、高消耗、高污染、低效益的粗放方式，以节能减排、绿色环保的崭新模式促进住宅产业化转型升级。

SI 住宅工业化生产以一种绿色建造方式实现资源的永续利用，这里提到的"资源"包括自然资源和社会资源两部分。前者针对水、空气、土地、动植物等；后者则针对人力、物力、信息等，实现资源节约全面化。通过绿色建造方式，维持住宅开发与自然之间的平衡，最大限度地降低对自然环境的破坏；同时，降低住宅对人力、物力的消耗，以新的工业化生产技术取代传统手工业操作，实现社会资源的高效利用。

可持续性住宅建设模式

以 SI 住宅体系为技术手段的可持续性住宅，可以在保证生产规模不变的情况下，提高生产要素的利用效率，降低资源消耗和生产成本，使经济效益和社会效益最终得到极大提高。采用 SI 住宅体系的工业化住宅常常被看成是一种高投入的建设方式。事实上住宅设计和建造应摆脱对短期成本和时间的考虑，建造高品质可持续住宅比单一复制劣质、短寿命住宅具有更长远的经济效益。SI 体系可持续住宅在设计和建造的过程中，依靠高效的营造方式、精良的施工工艺、先进的工业化技术集成，提高了资金、设备、材料的利用效益。住宅质量和功能的提高与所投入的时间和成本就不再成正比关系，可以实现建筑全寿命期内的低成本运维和高回报。

在住宅后期使用中，通过采用 SI 住宅体系的可持续性住宅建设方式，避免了传统住宅装修带来的资源浪费。在住宅拆除时，大量的建筑材料可以回收，部品构件等处理后也可进行再生利用，使材料最大限度地循环使用，避免以往建筑改造中大部分材料废弃后难以再利用所造成的大量建设资源浪费。

建筑全寿命期的长寿化住宅

SI 住宅体系延长了建筑全寿命期的长久资产价值和使用价值。并且其后期使用可随时间和空间的变化而变化，将满足现实的、局部的需求同未来的、整体的发展相结合，并保证了住宅建设与城市发展的可持续性。

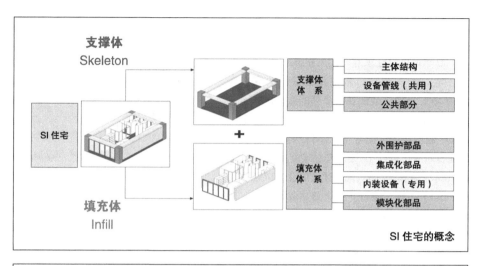

SI 住宅的概念

注：1. 外围护部品

基于 SI 住宅体系，日本住宅通常为框架结构体系，将外围护部品归为填充体体系。但结合我国目前住宅开发建设多采用剪力墙结构体系，故外围护部分应视具体情况而决定纳入支撑体体系或填充体体系。

2. 设备管线

基于 SI 住宅体系，日本利用架空地板敷设缓坡横向给排水管线；并且于套外公共空间集中管井内设竖向排水管线；可以明确地划分套内部分的设备管线为住户专用部分，套外部分为共用部分。

第一层级	第二层级	第三层级	第四层级	第 N 层级
体系	系统	子系统	部件及部品	（细分）
支撑体体系	主体结构	梁、板、柱、承重墙	预制叠合楼板等	……
	设备管线（共用）	集中管井	预制管井	
	公共部分	公共走廊、公共楼电梯	预制楼梯	
填充体体系	外围护部品	外墙（非承重）及分户墙（非承重）	预制墙板结合内保温	……
		单元门及外墙窗	成品门窗	
	集成化部品	架空地板	工业化填充部品	
		架空吊顶		
		架空墙体		
		轻质隔墙（非承重）		
	内装设备（专用）	给排水系统		
		暖通系统		
		电气系统		
	模块化部品	整体厨房		
		整体卫浴		
		整体收纳		

SI 住宅体系的层级划分

200 年住宅·新供给

200-Year Housing · New Supply

日本 20 世纪 80 年代就提出了百年住宅的目标，一是建筑结构寿命 100 年，二是 100 年内可以让家庭几代人安居。"200年住宅"的构想是日本首相福田康夫在 2007 年 5 月的施政演说中提到的重点政策之一，确立以"减轻环境负荷、减少住宅支出、建设高质量住宅"为总体战略目标。为此日本专门成立了"200 年住宅委员会"。2008 年 7 月第 34 届八国集团首脑会议（G8 Summit）在日本举行，会上日本成员代表首次面向全世界提出"200 年住宅"的构想，以展示其独特的可持续发展理念。"200年住宅"已不同于"百年住宅"的概念，而是作为社会财富而存在。

200 年住宅的基本原则：第一，必须基于 SI 住宅体系，确保结构的耐久性和抗震性，提高室内的灵活性与适应性。第二，确保易于进行维护管理，集中共用设备和管井，且分户管井管线与主体结构分离。第三，分析不同世代对空间的需求，具有能够沿用到下一代使用的住宅品质（节能性能、适老化性能、无障碍性能、通用设计等）。第四，实行计划性的维护管理，完善配套政策、法律与监管制度。建立建筑信息方面的长效机制，将设计图纸、建造施工具体信息以及检查、维修、更换等相关情况汇总存储。第五，绿色健康的生活环境、住区建设、住宅设计、技术和部品选用都要遵从资源节约型、环境友好型社会的需求，为居住者提供健康、安全、绿色的可持续宜居保障。

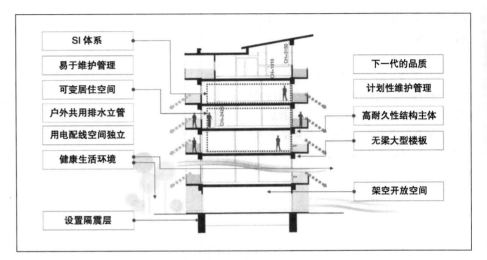

SI 体系	
易于维护管理	下一代的品质
可变居住空间	计划性维护管理
户外共用排水立管	高耐久性结构主体
用电配线空间独立	无梁大型楼板
健康生活环境	
	架空开放空间
设置隔震层	

日本荻漥住区再生设计

长期优良住宅·新供给
Long-life Quality Housing · New Supply

日本众议院 2008 年通过了《关于推进长期优良住宅的普及的法律案》，以日本国土交通省提出的"促进普及能长期保持良好的使用状态，建筑结构及配套设备达标的优良住宅（长期优良住宅）"为基本方针。法案具体规定了长期优良住宅建筑等计划的认定制度、住宅性能评定指数及推广普及的具体政策等。国家认证住宅得到普及，在延长建筑寿命的同时，还起到了减小环境负荷的可持续发展作用。

长期优良住宅对建筑的九大性能进行了明确规定。在市场购买方面，给予使用者一定的优惠措施，力求推动长期优良住宅的推广与普及。

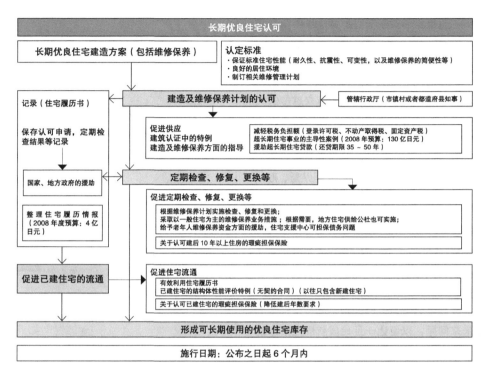

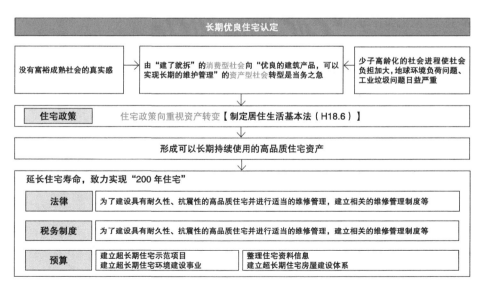

未来生活方式的家·新住居
Home of Future Lifestyle·New Residence

通常我们对于套型的关注点停留在量和形上，是几厅几室几卫，还是长厅、方厅。这是看样板间的购房者、拿着楼书作宣传的开发商，以及接到项目的设计方，都会最先考虑的问题。但是随着越来越多的人在满足基本居住需求之后，开始转而关注住宅性能、居住质量和生活品质，那么对套型的关注点也应随着时代发展和人们精神需求的增长而有所调整，这是从量、形，进而向质发展的必由之路。

从建筑设计的角度，我们遵从以居住需求为导向进行空间配置和流线组织，这是设计的基础。而之后通过空间形式最终引领人们生活方式的改变，这是设计的目的。空间形式良性有序也好，多元创新也罢，都体现了以现在的设计方法预见性地解决未来问题，以便让一旦建成就固定下来的建筑有可持续的适应性价值。

交流型 LDK 空间：交流型 LDK 指将起居室 (Living Room)、餐厅 (Dining Room) 与厨房 (Kitchen) 组成一体化空间。LDK 以"交流"为出发点，从居住者的行为习惯出发，力求提供一个全家共享视线、语言与情感的交流、生活空间。

多用型居室空间：项目在居室空间设计上提出了"多用室"的概念，即不限定空间使用属性，可根据居住者的不同居住需求设置为客卧、书房、儿童房、衣帽间等。而对于居住者来说，弱化其中非必要的功能空间，集约性地扩大自己实际所需的使用空间。多用型居室空间通过略微放大空间尺度，也可满足之后的灵活改造。

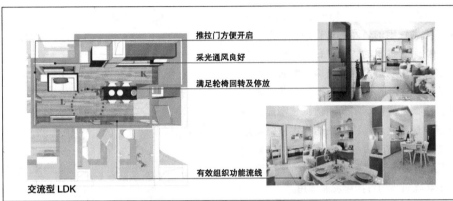

推拉门方便开启
采光通风良好
满足轮椅回转及停放
有效组织功能流线

交流型 LDK

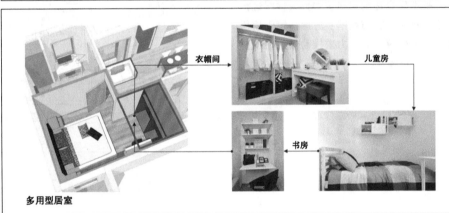

衣帽间
儿童房
书房

多用型居室

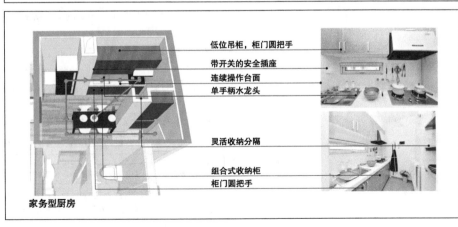

低位吊柜，柜门圆把手
带开关的安全插座
连续操作台面
单手柄水龙头

灵活收纳分隔
组合式收纳柜
柜门圆把手

家务型厨房

家务型厨房空间：**家务型厨房空间的核心是减轻主妇的家务劳动量并提升心理感受。**在设计厨房空间时，首先采用开敞式布局减少墙体的阻隔，并根据居住者的行为习惯和人体操作动线合理布置冰箱、洗涤池、操作台和灶台的位置，使洗–切–烧的烹饪操作变得流畅。同时，便捷的整体厨房部品是当代品质生活的象征，也是今后智能生活的重要体现。

分离型卫浴空间：出于对空间使用的考虑，卫浴空间应采用干湿分离方式，设置独立的盥洗、如厕、洗浴空间。这种方式将提高空间的使用效率，并大大降低将水带入居室造成地面湿滑产生的安全隐患。浴室作为独立的模块，优先推荐整体卫浴，不仅外形整洁美观，而且结合同层排水技术，杜绝了上下层住户间的噪声、漏水及检修问题。

综合型门厅空间：入口门厅最为基本的属性就是划分套内外空间，既需要一定的展示功能，也需要一定的私密性。设计时考虑到避免开阔的视线使住宅内一览无遗，合理组织入户流线形式和通过设置门厅柜，既达到实用美观的效果，又增强了安全性能。

系统型收纳空间：现代住宅套型功能特别重视对收纳空间的设置。考虑到不同居住者对储藏各种物品的不同习惯，应实现系统化分类收纳，满足就近储藏。通过各种整体收纳部品的采用，呈现多样化的收纳形式，可满足高品质的居住选择。

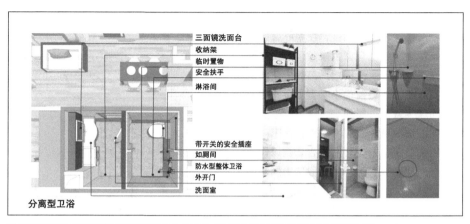

三面镜洗面台
收纳架
临时置物
安全扶手
淋浴间

带开关的安全插座
如厕间
防水型整体卫浴
外开门
洗面室

分离型卫浴

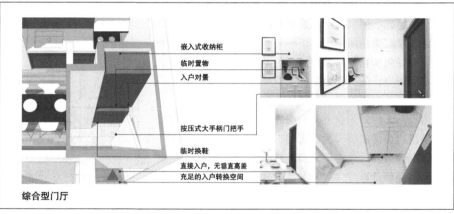

嵌入式收纳柜
临时置物
入户对景

按压式大手柄门把手
临时换鞋
直接入户，无垂直高差
充足的入户转换空间

综合型门厅

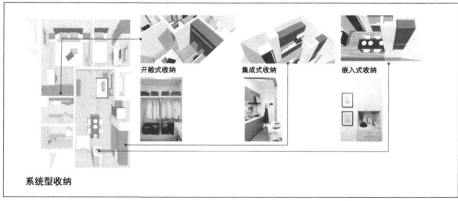

开敞式收纳　　集成式收纳　　嵌入式收纳

系统型收纳

家庭成长变化的家·新住居
Home for Family Growth · New Residence

目前，我国社会结构正处于深入转型期，城市化进程不断加速，在中心城区房价越来越高、中小套型越来越多的现实情况下，注重家庭生命周期适应性的住宅研究与设计不仅是当前中小套型住宅建设和设计问题突破的关键所在，也是未来的创新方向。住宅设计应该考虑到住户家庭生命周期是处于不断变化中的，套型设计应尽可能适应家庭生活不同阶段的不同居住需求，设计可持久居住的适应性空间，使住宅套型与生活方式相适应。

家庭生命周期通常是指从一个家庭的诞生，到经历不同发展阶段直至瓦解消亡的过程。家庭生命周期显示了一个家庭自身的发展变化和在自身发展过程中不同阶段的不同特点。住房作为陪伴人们一生的居住空间，具有不能轻易更换、生命周期长等特点。人们对居住及其空间的需求不仅要考虑自身的经济能力、套型与面积，还要考虑什么样的住宅能够满足自己和家庭生命周期所处阶段的居住生活需求。因此，住宅套型设计应适应家庭生命周期各阶段的居住需求，而建立对生命周期多阶段特征的认识是非常重要的。

一个家庭对居住空间和环境的需要与其生命周期是密切相关的。家庭生命周期可以划分为形成、扩展、稳定、收缩、空巢与解体6个阶段。这6个阶段具有不同的特点，由于其生活要求的不同，所以人们对居住的需求有所差异。因此，住宅套型空间设计应该考虑到住户家庭的寿命周期是处于不断变化的，应在规划设计时就

适应家庭全生命周期的套型变换示例

建筑类型	Ⅰ 两居室	Ⅱ SOHO 居家办公	Ⅲ 三居室
变换说明	Ⅰ改为工作间→Ⅱ增加一个儿童房→Ⅲ扩大单元→平面改变、规模改变		
居住者	年轻夫妇	年轻夫妇	年轻夫妇 + 孩子
套型示例			

建筑类型	Ⅳ 两代居	Ⅴ 分户两代居	Ⅵ 单身公寓
变换说明	Ⅳ进行分户→Ⅴ改为公寓式→Ⅵ改为商业用房→平面改变、规模改变、属性改变		
居住者	中年夫妇 + 孩子	中年夫妇 + 父母	单身
套型示例			

建筑类型	Ⅶ 商店和餐厅	单元组合示意
变换说明	—	
使用者	所有人	
套型示例		

图片来源：《21世纪中国大城市居住形态解析》。

预留改造余地，使其室内空间可随家庭成员结构的变化而变化，尽可能地适应家庭生活不同阶段的不同居住需求，设计可持久居住的适应性住宅套型空间。

人们对住宅的布局方式、功能分室与各室面积大小的需求，都处于变化之中。理想的居住模式是住宅的空间划分能适应家庭生命周期中各阶段不同的要求，即可变、可改造调整。将家庭生命周期的阶段变化与中小套型的设计适应性紧密地联系起来，设计出能够满足中国家庭成长特点的成长的家，具有重要意义。

"成长的家"的理念体现出人们终于把对住宅的认识回归到房屋的本质。"成长的家"遵循生命的轨迹，通过合理设计和具有适应性的功能布局，让使用者可以自由自在地使用空间。让房子和孩子、家庭一起成长，由此真正创造了一个适应家庭全生命周期的可持续居住空间。

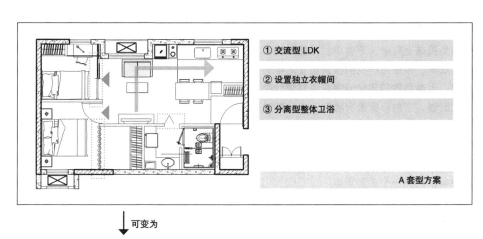

① 交流型 LDK

② 设置独立衣帽间

③ 分离型整体卫浴

A 套型方案

可变为

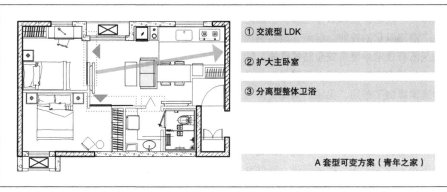

① 交流型 LDK

② 扩大主卧室

③ 分离型整体卫浴

A 套型可变方案（青年之家）

可变为

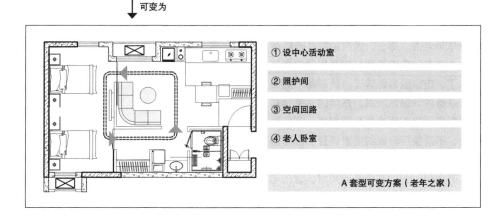

① 设中心活动室

② 照护间

③ 空间回路

④ 老人卧室

A 套型可变方案（老年之家）

适应家庭全生命周期的套型可变方案

适老与育儿的家·新住居

Home for Elder Care and Children Rearing · New Residence

对于大多数的中年人来说，有一种甜蜜的负担是上有老、下有小。即便我们再拒绝成长，当岁月把我们推到而立之年的路口，也该是我们和父母完成家庭使命交接的时候，"放心家里有我"，也会转过头对着身边咿咿呀呀的小朋友说，"放心你也有我。"说到底中年时期，多少人的奋斗就是为了家中这一老一小，保一个幸福晚年，再许一个多彩童年。

特别是随着当前社会发展进步、物质文化生活变迁，人们对于品质的追求被提升到前所未有的新高度。聚焦于家庭生活的载体——住宅套型和居住空间，也随之发生了潜移默化的改变。但是，现实情况往往是既有住宅中没有安全防护措施、地面墙面材质有害物质超标、看似只有几公分的高差绊倒了爸妈、尖锐的墙面转角磕伤了孩子，诸如此类，屡见不鲜。这就需要设计者设身处地地站在老年人和幼儿的角度，转变住宅设计观念和方式，研究其行为习惯、使用需求，提高适老、适幼套型的居住性能和生活适应性。

与此同时，每一个生命体从出生开始就在经历着逐步衰老的过程，我们自己也终会年华老去。那么，现在的家是否还适合未来年老的我们居住？还是当我们老了，健忘了，走路磕磕绊绊了，就不得不选择离开熟悉的环境？所以，住宅的建筑全寿命周期应满足家庭全生命周期内，不同居住者、不同使用阶段的需求转变。在套型设计中，以现在的技术手段预见性地解决未来的问题。我们在成长的同时，让住宅也持续地"生长"。

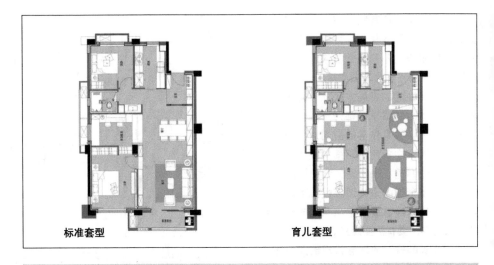

标准套型　　　育儿套型

设置一面黑板墙，让小孩在墙面尽情地书写，给小孩幻想的空间。同时，家里的开关都是 1m 的高度，洗面台下面有踏台，让小孩能独立完成自己感兴趣的一些事情，培养独立能力。

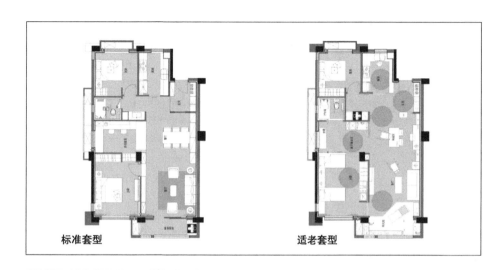

标准套型   适老套型

　　"老年住宅"不应该是一种仅供老年人居住的住宅，而应是在广义上满足我们每个都会变老的人居住需求的所有住宅，即"适老化住宅"。

参考文献

Reference

[1](日)内田祥哉, 姚国华译. 建筑工业化通用体系 [M]. 上海: 上海科学技术出版社, 1983.

[2]Stichting Architecten Research, Eindhoven.Keyenburg A pilotproject Een voorbeeldproject[M].1985.

[3] 鲍家声. 支撑体住宅 [M]. 江苏: 江苏科学技术出版社, 1990.

[4] 赵冠谦 .2000 年的住宅 [M]. 北京: 中国建筑工业出版社, 1991.

[5] 贾倍思. 长效住宅——现代建宅新思维 [M]. 江苏: 东南大学出版社, 1993.

[6] 贾倍思. 居住空间适应性设计 [M]. 江苏: 东南大学出版社, 1998.

[7](日)彰国社. 集合住宅实用设计指南 [M]. 刘东卫译. 北京: 中国建筑工业出版社, 2001.

[8] 日本建筑学会. 建筑设计资料集 [居住篇] [M]. 天津: 天津大学出版社, 2001.

[9](日)石氏克彦. 多层集合住宅 [M]. 张丽丽译. 北京: 中国建筑工业出版社, 2001.

[10] 吕俊华, 彼得·罗, 张杰. 中国现代城市住宅 : 1840 ~ 2000[M]. 北京: 清华大学出版社, 2003.

[11] 聂兰生, 邹颖, 舒平 .21 世纪中国大城市居住形态解析 [M]. 天津: 天津大学出版社, 2004.

[12](日)UR 都市机构 .KSI——Kikou Skeleton and Infill Housing[M].日本UR都市机构, 2005.

[13](日)松村秀一, 田边新一主编 .21 世纪型住宅模式 [M]. 陈滨, 范悦译. 北京: 机械工业出版社, 2006.

[14](日)清家刚, 秋元孝之主编. 可持续性住宅建设 [M]. 陈滨译. 北京: 机械工业出版社,

2007.

[15] 吴东航, 章林伟. 日本住宅建设与产业化 [M]. 北京: 中国建筑工业出版社, 2009.

[16] 国家住宅与居住环境工程技术研究中心 .SI 住宅建造体系设计技术 [M]. 北京: 中国建筑工业出版社, 2013.

[17] 中国房地产研究会住宅产业发展和技术委员会, 中国百年建筑研究院,《中国百年建筑评价指标体系研究》课题组, 中国百年住宅建筑评价指标体系研究 [M]. 北京: 中国城市出版社, 2014.

[18] 山田浩幸等作, 沈曼雯译, 图解建筑设备: 110 个规划与应用知识, 有效营造舒适安全、又节能的居家生活 [M], 台北市: 易博士文化, 城邦文化出版, 2014.

[19] 刘东卫, SI 住宅与住房建设模式 体系·技术·图解 [M]. 北京: 中国建筑工业出版社, 2016.

[20] 刘东卫, SI 住宅与住房建设模式 理论·方法·案例 [M]. 北京: 中国建筑工业出版社, 2016.

[21] 孙志坚. 住宅设计的多样化对应手法——日本从住宅标准设计到支撑体住宅 [J]. 工业建筑, 2007, 37（9）.

[22] 孙志坚. 住宅部件化发展与住宅设计 [J]. 工业建筑, 2007, 39（9）.

[23] 郝飞, 范悦, 秦培亮等. 日本 SI 住宅的绿色建筑理念 [J]. 住宅产业, 2008(02-03).

[24] 范悦, 程勇. 可持续开放住宅的过去和现在 [J]. 建筑师, 2008(03).

[25] 刘东卫. 日本集合住宅建设经验与启示 [J]. 住宅产业, 2008(06).

[26] 刘东卫, 宫铁军, 闫英俊等. 百年住居建设理念的 LC 住宅体系研发及其工程示范——普适型住宅的技术创新与建造探索 [J]. 建筑学报.

2009(08).

[27] 刘东卫, 李景峰 .CSI 住宅——长寿化住宅引领住宅发展的未来 [J]. 住宅产业, 2010(11).

[28] 刘东卫, 蒋洪彪, 于磊 . 中国住宅工业化发展及其技术演进 [J]. 建筑学报, 2012(04).

[29] 闫英俊, 刘东卫, 薛磊 .SI 住宅的技术集成及其内装工业化工法研发与应用 [J]. 建筑学报, 2012(04).

[30] 闫英俊, (日) 小南芳江 . 琴芝县营住宅设计 [J]. 建筑学报, 2012(04).

[31](日) 井关和朗, 胡惠琴 . 赤羽台住宅区改造设计 [J]. 建筑学报, 2012(04).

[32](日) 井关和朗, 李逸定 .KSI 住宅可长久性居住的技术与研发 [J]. 建筑学报, 2012(04).

[33] 日本新田住宅区 [J]. 建筑学报, 2012(04).

[34](日) 加茂, 胡惠琴 .NEXT 实验住宅建筑体系和住户改装的实验 [J]. 建筑学报, 2012(04).

[35] 刘东卫, 闫英俊, (日) 梅园秀平等, 新型住宅工业化背景下建筑内装填充体研发与设计建造 [J]. 建筑学报, 2014(07).

[36] 闫英俊, 陈晔, 褚波 . 公共租赁住房装修需求与内装标准化设计装配化建造技术 [J]. 建筑学报, 2014(07).

[37] 周静敏, 苗青, 司红松, 汪彬 . 住宅产业化视角下的中国住宅装修发展与内装产业化前景研究 [J]. 建筑学报, 2014(07).

[38] 秦姗, 伍止超, 于磊 . 日本 KEP 到 KSI 内装部品体系的发展研究 [J]. 建筑学报, 2014(07).

[39] 魏素巍, 曹彬, 潘峰 . 适合中国国情的 SI 住宅干式内装技术的探索——海尔家居内装装配化技术研究 [J]. 建筑学报, 2014(07).

[40] 徐勇刚 . 内装工业化的实践——博洛尼基于雅世和金项目的探索 [J]. 建筑学报, 2014(07).

[41] 曹祎杰 . 工业化内装卫浴核心解决方案——好适特整体卫浴在实践中的应用 [J]. 建筑学报, 2014(07).

[42] 徐弋 . 新型内装工业化技术分析——松下在绿地南翔示范项目中的实践 [J]. 建筑学报, 2014(07).

[43] 秦姗, 蒋洪彪, 王姗姗 . 基于日本 SI 住宅可持续建筑理念的公共住宅实践 [J]. 建设科技, 2014(10).

[44] 刘赫, 王唯博 . 新型装配式住宅通用体系的集成设计与建造研究 [J]. 建设科技, 2017(08).

[45] 刘东卫 . 当代人类居住健康问题与住宅建设发展的研究——中国住宅建设可持续发展理论的探索 [D], 清华大学 .2005.

[46] 郭戈 . 住宅工业化发展脉络研究 [D]. 同济大学, 2009.

[47] 李南日 . 基于 SI 理念的高层住宅可持续设计方法研究 [D]. 大连理工大学, 2010.

[48] 秦姗 . 基于 SI 体系的可持续住宅理论研究与设计实践 [D]. 中国建筑设计研究院, 2014.

[49]The MATURA System[R].2000.

[50] 中国建筑标准设计研究院 . 中国长寿化住宅研发与 SI 住宅技术实践 [R].2010.

[51] 中国建筑标准设计研究院 . 可持续居住的开发建设方式与长寿化住宅设计实践 [R].2011.

[52]UR 都市机构八王子研究所资料 [R].2012.

[53]KSI 住宅 理念·技术·实践 [R].2013.

[54] 中国房地产协会 . 百年住宅 [R].2013.

[55] 海尔集成制造工业化住宅关键技术研究 [R].2013.

[56] 绿地集团百年住宅建设技术体系研究报告 [R].2014.

[57]Stephen Kendall.INFILL SYSTEMS-A NEW MARKET[R].2015.

[58] 鲁能集团百年住宅建设技术体系研究报告 [R].2015.

[59] 江苏新城百年住宅建设技术体系研究报告 [R].2015.

[60] 北京泽信百年住宅建设技术体系研究报告 [R].2015.

[61] 装配式混凝土结构住宅建筑设计示例 [S].2015.

[62] 北京实创百年住宅建设技术体系研究报告 [R].2017.

[63] 装配式住宅建筑设计标准 [S].2017.

[64] 天津天房百年住宅建设技术体系研究报告 [R].2017.

[65] 北京当代百年住宅建设技术体系研究报告 [R].2017.

[66] 郑州碧源百年住宅建设技术体系研究报告 [R].2018.

[67] 东莞碧桂园百年住宅建设技术体系研究报告 [R].2018.

[68] 青岛海尔百年住宅建设技术体系研究报告 [R].2018.

[69] 浙江宝业百年住宅建设技术体系研究报告 [R].2018.

致谢
Acknowledgement

　　在本书正式出版发行之际，谨向在中国百年住宅项目研发实施过程中提供无私的支持帮助和共同合作的国内外单位及同仁，表示衷心感谢。向为汇集成书的中国建筑工业出版社的张建编辑的辛苦付出表达由衷的感谢。最后，特别向日中建筑产业协议会及国外有关单位和为此项目做出贡献的国外专家们，致以崇高的敬意。

　　此次中国百年住宅初步成果的结集出版，不仅成为我们曾经一同倾力协作的宝贵纪念和见证，还将标志着我们未来共同的绿色可持续建设事业的崭新开始。

诚挚感谢：

中国房地产业协会

中国建设科技集团股份有限公司

中国建筑标准设计研究院有限公司

住房和城乡建设部科技与产业化发展中心

（住房和城乡建设部住宅产业化促进中心）

北京市住房和城乡建设科技促进中心

山东省建筑科学研究院

河南省建设工程质量监督总站

深圳市建筑产业化协会

济南市城乡建设发展中心

河南省城市绿色发展协会成品住房研究中心

清华大学

同济大学

大连理工大学

哈尔滨工业大学

绿地控股集团有限公司

鲁能集团有限公司

宝业集团股份有限公司

天津市房地产发展（集团）股份有限公司

海尔地产集团有限公司

北京泽信控股集团有限公司

北京实创高科技发展有限责任公司

碧桂园控股有限公司

河南碧源控股集团有限公司

当代节能置业股份有限公司

新城控股集团股份有限公司

绿城房地产集团有限公司

北京城建房地产开发有限公司

青海紫恒房地产开发有限公司

北京天恒置业集团有限公司

山东创业房地产开发有限公司

合谊地产有限公司

西安秦美置业有限公司

北京天恒置业集团有限公司

甘肃天麟房地产开发集团有限公司

中国建筑设计研究院有限公司

北京市建筑设计院有限公司

上海中森建筑与工程设计顾问有限公司

深圳华森建筑与工程设计顾问有限公司

（株）市浦住宅·城市规划设计事务所

（株）立亚设计

BE 建筑（香港）

五感纳得（上海）建筑设计有限公司

中建科技有限公司

北京中天元工程设计有限责任公司

南京长江都市建筑设计股份有限公司

江苏龙腾工程设计股份有限公司

中房研协优采信息技术有限公司

北京国标建筑科技有限责任公司

松下电器（中国）有限公司

威可楷（中国）投资有限公司

中建三局集团有限公司

青岛海尔家居集成股份有限公司

科宝博洛尼（北京）装饰装修工程有限公司

北京宏美特艺建筑装饰工程有限公司

上海君道住宅工业有限公司

江苏和风建筑装饰设计有限公司

北京建王园林工程有限公司

天津华惠安信装饰工程有限公司

南京旭建新型建材股份有限公司

苏州科逸住宅设备股份有限公司

苏州海鸥有巢氏整体卫浴股份有限公司

北新集团建材股份有限公司

杭州老板电器股份有限公司

上海唐盾材料科技有限公司

北京维石住工科技有限公司

迈睿环境（中国）有限公司

山东和悦生态新材料科技有限责任公司

本书编委会　2018.6

本书编委会
Compilation Panel

主 编 单 位：
中国房地产业协会　日中建筑住宅产业协议会　中国百年住宅产业联盟　中国建设科技集团　中国建筑标准设计研究院

编 委 会 主 任： 刘志峰

编 委 会 副主任： 冯　俊　修　龙　孙　英

编 委 会 委 员： 童悦仲　窦以德　王有为　叶耀先　刘志鸿　曹　彬

主 编 人： 刘东卫

编 写 人： 贾　丽　孙克放　高　真　刘美霞　杨家骥　郭　宁　朱彩清　伍止超　周静敏　刘春藏
邵　磊　贾倍思　闫英俊　李晓鸿　田子超　郝　学　秦　姗　郭　洁　刘　雨　林　硕

参 编 人： 川崎直宏　卫军锋　马振江　马晓泉　王小鹏　王亚文　王　达　王　刚　王乒野　王全良　王　芳
王姗姗　王　峙　王唯博　王朝钒　王惠敏　王　锴　王　强　王聪颖　王德强　车爱晶　毛安娜
毛　铁　方旭慧　卢保树　卢　雷　史　玮　付灿华　曲　勇　朱　茜　刘力辉　刘云海　刘西戈
刘传卿　刘若凡　刘凯声　刘南会子　刘　轶　刘　赫　闫晶晶　米国保　安田浩　孙小曦　孙　帆
孙宇光　孙　军　孙彦孝　孙洪刚　孙梅石　孙雪夫　杜成华　杜志杰　李先立　李亦军　李　昕
李春江　李　夏　李筱梅　李　源　李慧光　杨大斌　杨　娜　杨　宾　杨　威　肖伟峰　肖　明
肖　莉　邱晨燕　何　元　何亚东　何　易　余亦军　汪　杰　沃成昌　宋力锋　宋书楠　宋建鹏
宋　培　张艺馨　张予华　张　弘　张君如　张　艳　张　鹏　张　斌　陆　璐　陈　彤　陈忠义
陈　音　陈晓智　陈　斌　邵　郁　邵凯华　武春烨　范　悦　罗文斌　周祥茵　庞巍祥　孟庆贺
练贤荣　赵　旭　赵　杨　赵虎军　胡云瀚　胡安东　相恒国　柏　烨　侯天才　俞　羿　姜延达
娄　霓　姚春苏　姚春雷　秦　楠　袁训平　袁　芳　索利平　贾立哲　顾　芳　恩　艺　钱　进
徐　弋　徐颖璐　唐　茜　唐海波　曹祎杰　常红星　常芳杰　崔士起　董占波　蒋航军　蒋惠丞
曾繁荣　曾繁娜　谢　雨　满田将文　褚　波　廖文坊　翟永丽　樊则森　樊京伟　潘　龙　魏　红
魏君秋岑　魏素巍　魏　琨　魏　曦